いちばんやさしい量子コンピューターの教本

人気講師が教える

世界が注目する最新テクノロジー

インプレス

Profile

著者プロフィール

湊 雄一郎

東京都生まれ。東京大学工学部卒業。
隈研吾建築都市設計事務所を経て、2008年にMDR株式会社設立。2017～19年内閣府ImPACT山本プロジェクトPM補佐を務める。
研究分野・テーマはイジングモデルアプリケーション、量子ゲートモデルアプリケーション、各種ミドルウェアおよびクラウドシステム、超電導量子ビット。
受賞歴は2008年環境省エコジャパンカップ・エコデザイン部門グランプリ、2015年総務省異能vation最終採択など。

●購入者限定特典　電子版の無料ダウンロード

本書の全文の電子版（PDF ファイル）を以下の URL から無料でダウンロードいただけます。

ダウンロード URL：**https://book.impress.co.jp/books/1118101060**

※ 画面の指示に従って操作してください。
※ ダウンロードには、無料の読者会員システム「CLUB Impress」への登録が必要となります。
※ 本特典の利用は、書籍をご購入いただいた方に限ります。

はじめに

量子コンピューターに興味を持つ理由は人それぞれかと思います。量子コンピューターそのものに興味があったり、計算や研究に興味があったり、周辺で流行っていたり、次世代の技術に興味があるなどさまざまでしょう。本書はその中でも「実際に量子コンピューターを利用して、現実にある課題を解きたい」という思いが出発点になっています。AIやコンピューターが発展する中で徐々に現在の技術の限界が見えてきています。そのような限界を迎える前に次世代の課題を解決する方法が見つかってきており、その方法の1つとして量子コンピューターがあります。

筆者が量子コンピューターに取り掛かるきっかけとなったのは金融工学です。金融計算では多くのシミュレーションを行いますが、現在の技術では、たくさんのコンピューターを並列に並べて多くの電力を消費しながら計算を行います。金融計算はビジネスとして儲けを出すという機能のほかに、社会のあらゆる取引を正常化し、安定させるという機能を持っています。現在の世の中の多くの取引や経済活動は膨大な計算資源のもとに成り立っており、そのような計算資源が高騰しコストが上がりすぎると私たちの生活にも多くの影響を与えます。そんな中「量子コンピューターを導入して、縁の下の力持ちで豊かな生活を支えていければいいな」と思ったのが筆者が量子コンピューターをはじめたきっかけでした。ぜひ量子コンピューターを日々の生活に間接的・直接的に影響する身近なものとして捉えていただければと思います。

本書では量子コンピューターの初学者向けに、必要最低限の知識をできるだけわかりやすくまとめるということを心がけました。量子コンピューターに対する誤解や苦手意識をなるべく取り除くとともに、これから産業に応用されていく段階を踏まえ、学術的な厳密性よりも使いやすさに加えて現実的な実用性を重視して解説しています。本書が学術界、産業界のそれぞれの片方の視点からだけでなく、それらを含めた広い視点で物事を捉えるきっかけになれば幸いです。

2019年4月　湊雄一郎

いちばんやさしい
量子コンピューターの教本
人気講師が教える
世界が注目する最新テクノロジー

Contents
目次

Chapter 2 そもそも「量子」とは？ page 31

Chapter 3 原理からひもとく量子コンピューター page 45

Chapter 7 量子アニーリングの原理と使い方 page 151

Chapter 8 量子コンピューターをビジネスに導入する page 169

Chapter

1

量子コンピューターで変わる社会

量子コンピューターは、現在のコンピューターでは数年かかるような問題も短時間で解けるとされる夢の計算機です。詳しい仕組みを解説する前に、その概要を見ていきましょう。

Lesson [量子コンピューターの概略]

01 量子コンピューターのインパクト

このレッスンのポイント

量子コンピューターは、いままさに実用化・商用化が進められている「夢の計算機」です。最初のレッスンでは、量子コンピューターが従来のコンピューターと比べて何がどうすごいのかをざっと眺めてみましょう。

量子コンピューターの登場

AI（人工知能）などと並んで、夢の技術であるかのように語られることも多い「量子コンピューター」。スーパーコンピューターよりもはるかに高速に計算できるといわれ、いままさに研究開発や実用化への取り組みが官民の枠を超えて行われている先端分野です。

図表01-1 のように量子コンピューターが考案されたのは1980年代。それがいまになってなぜ話題になっているのかというと、ようやく実用化の兆しが見えてきたからです。たとえばカナダのD-Wave Systemsが開発したD-Wave、アメリカのIBMが開発したIBM Qなどが実用化した量子コンピューターの代表格です。

▶ 量子コンピューター年表 図表01-1

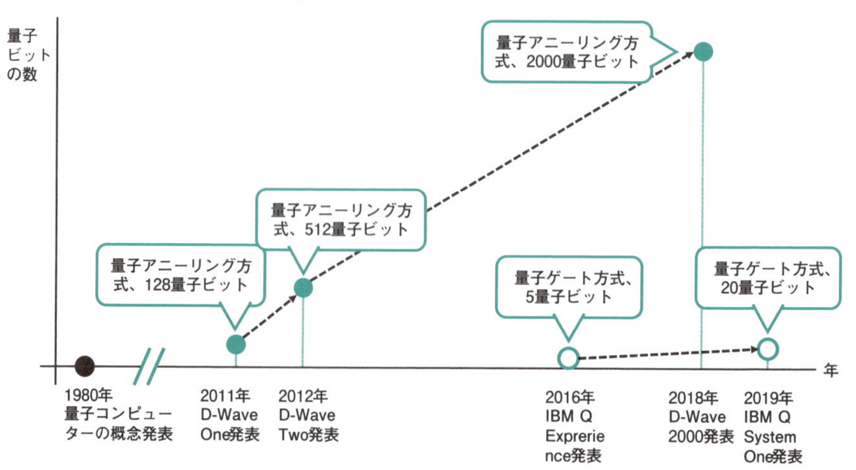

量子コンピューターの高速性の秘密

前項ではおおまかに「スーパーコンピューターよりもはるかに高速」と説明しましたが、具体的には、現在のコンピューター（量子コンピューターと区別するため、便宜上「従来式」とします）では何百年、何千年とかかるような計算が量子コンピューターでは現実的な時間で解けるとされています。なぜそんなことが可能なのでしょうか？
従来式コンピューターの場合、同じ時間で実行できる計算回数を増やすことで高速化します。計算回数はこれまで年々増加してきましたが、理論上の限界も近いと考えられています。
量子コンピューターの場合は内部で大量のデータが重なり合った状態を作り出し、それを利用して従来式コンピューターで大量の計算を行うのと同等の計算を一気に行います。そして絞り込んで答えを得ます。詳しくはこのあとのレッスンで説明していきますが、従来式コンピューターとは異なる原理に基づいているため、その限界を超えることができるのです（図表01-2）。

▶ 計算方法の違い 図表01-2

従来式コンピューターの計算

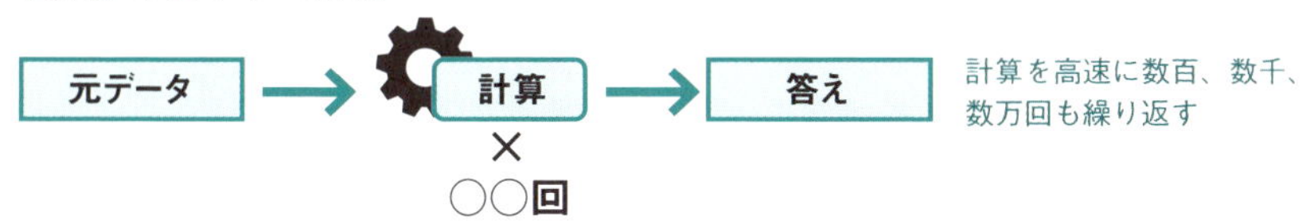

量子コンピューターの計算

いまは不思議に感じられると思いますが、量子コンピューターの中でデータを膨らませて計算し、絞り込んで答えを出すイメージです。

Lesson 02 [ムーアの法則の終焉] 従来式コンピューターの限界

このレッスンのポイント

量子コンピューターの進化の裏側には、従来のコンピューターにある限界と、量子情報科学のイノベーションがあります。この2つの観点から、量子コンピューターの原理を覗いてみましょう。

DATA IS NEW OIL――高まるデータの需要

産業構造がものづくり型からサービス型へとシフトしている現在、社会からはますます大きなデータをリアルタイムで処理する需要が高まっています。労働集約型の産業構造から、より効率的でより生産性の高いサービスや技術に対する需要が必然的に高まります。

DATA IS NEW OILという考え方があります。データを石油にたとえ、データの高純度な精製が利益を産むという考え方です（図表02-1）。近年の情報化社会の発展は同時に多くの無駄なデータも生み出しており、有益なものを抽出する手間が無視できない負担となっています。データ社会を制するものがビジネスを制すると同時に、現在の情報の波の中からどのように有用な情報を集めるのかという点も大きな技術的な課題となっています。

▶ DATA IS NEW OILの概念 図表02-1

原油を精製して燃料や原料を産み出すように、大量のデータから有益なものを抽出する技術がこれからのビジネスを左右するといわれている

従来式コンピューターの限界

データの需要が高まり続けている反面、現在、私たちが使っている従来式のコンピューターは、性能の限界を迎えつつあります。チップに詰め込んだトランジスタ回路で情報を処理するため、情報量が多くなるほど1つのチップ上の回路の密度を上げていく必要が生じます。そのため「マイクロチップ」やさらに小さい「ナノチップ」といった極小化の方向で集積技術が発達しましたが、これ以上は小さくできないところまで到達しました。これまで業界を牽引してきたムーアの法則と呼ばれる法則も、終焉を迎えたという声が上がっています（図表02-2）。その一方で、社会のIoT化に伴い扱わなければならない情報量は増え続けます。そういった限界が顕わになったことが、量子コンピューターが注目されるようになったきっかけの1つです。

▶ ムーアの法則 図表02-2

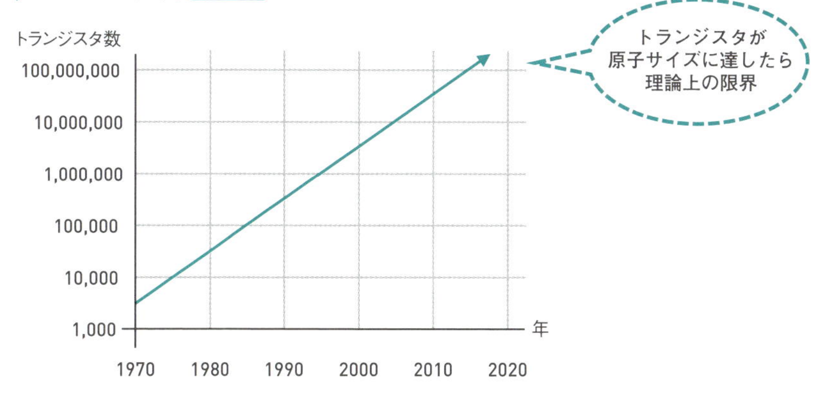

インテル創業者の1人、ゴードン・ムーアは、1965年に「集積回路上のトランジスタ数は18か月ごとに倍になる」という予測を示したが、50年以上の時を経た現在、極小化の限界に達しつつある

従来式コンピューターを並列にたくさん並べて処理速度を上げるという方式でも、消費電力の増大という問題は避けられません。

Lesson [量子の世界]

03 量子コンピューターを支える「量子」とは？

このレッスンのポイント

物質を原子レベルまで分割していくと量子の世界に突入します。量子コンピューターは、量子の世界における「粒子と波の二重性」や「重ね合わせ」などの物理現象を利用して計算を行います。

目に見えない極小の世界

詳しくは第2章で解説しますが、量子は「エネルギーの最小単位」などといわれ、とにかく目に見えないほど小さなものです。たとえば1滴の水を半分にして、また半分にして、それをさらに半分にして……をどんどん繰り返していくと、いつかはこれ以上半分にできないというサイズの水になるはずです。これが「分子」です。分子とは、そのものの性質を失わない最小単位のことです。そして、分子を構成するのが「原子」です。ここまでくるともう水ではありません。そして原子は「電子」「中性子」「陽子」といったもので構成されています（図表03-1）。この原子や原子を構成する電子、中性子などをひとまとめに「量子」といいます。そして、この原子より小さい世界は、私たちの目に見える世界とは別の物理法則が働いています。

▶ 量子の世界 図表03-1

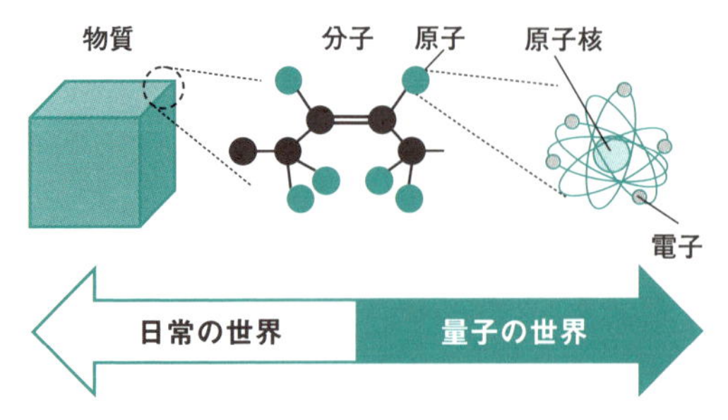

目に見える物質は、分子や量子など目に見えない極小の物質で成り立っている

世の中には性質の異なるさまざまな物質がありますが、その違いは原子の構成によって生み出されるのです。

量子の性質を演算に利用する

量子には、いくつかの不思議な性質があります。たとえば、私たちの目に見える世界では「0であり1でもある」という状況は成立しませんが、量子の世界では成立するのです。これを量子の「重ね合わせ」といいます。

重ね合わせによって、図表03-2のように、1つの量子で2通りの状態を同時に表せ、2つの量子があれば4通りの状態、4つの量子があれば16通りの状態を一度に表せるわけです。重ね合わせについてはレッスン28で詳しく解説します。

▶重ね合わせによって情報量が増える 図表03-2

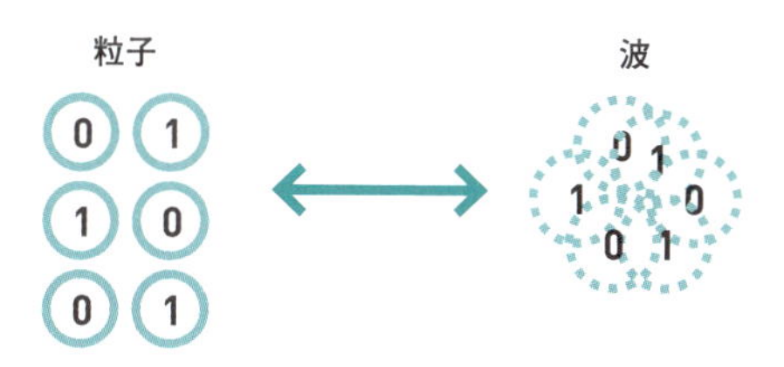

量子が持つ波の性質によって、「0であり1でもある」という重ね合わせ状態になる

量子コンピューターは重なり合ったあいまいな状態で計算を進めます。

量子コンピューターの答えは確率的なもの

従来式コンピューターでは、同じデータを与えて同じ計算を行えば必ず同じ答えを出します。ところが量子コンピューターの答えは計算のたびに変わることがあります。重なり合ったあいまいな状態から観測可能なはっきりした状態に移る際に、結果が変動するのです。

もちろんまったくのデタラメではありません。図表03-3のように「約50%の確率で0か3が出る」「1と2という答えは絶対に出ない（確率0%）」といった明確な傾向があります。このような確率的な答えが出るのも量子コンピューターの特徴なのです。

▶量子コンピューターが出す答え 図表03-3

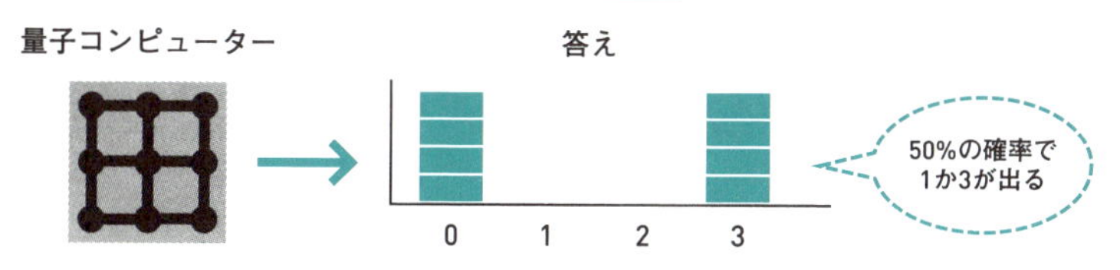

重ね合った状態で計算すると確率的に答えが求められる

Lesson [量子ゲートと量子アニーリング]

04 量子コンピューターの種類

このレッスンのポイント

量子コンピューターは大きく分けて「量子ゲート型」と「量子アニーリング型」があります。この2種類はまったく違う特性を持ちます。このレッスンでは、両者の仕組みの違いや特徴を確認しましょう。

量子コンピューターの2方式

量子コンピューターは、根本的な目指す方向性の違いによって図表04-1の2つに大別できます。1つは量子ゲート型、もう1つは量子アニーリング型です。
レッスン1の年表ではD-WaveとIBM Qという2つの量子コンピューターを紹介しましたが、IBM Qは量子ゲート型、D-Waveは量子アニーリング型です。量子ゲート型の開発はアメリカや中国などの大手IT企業を中心として進められています。量子アニーリング型の開発はカナダのベンチャー企業や日本の大手製造企業を中心として進められています。

▶ 量子ゲート型と量子アニーリング型 図表04-1

量子コンピューター
「量子力学」の原理を応用して計算するコンピューター

量子ゲート型	量子アニーリング型
・量子ゲートを利用して計算	・特定のアルゴリズムのために作られた
・米国や中国のIT企業中心	・日本やカナダ中心の取り組み
・IBM Qなど	・D-Waveなど

電子か光子かといった量子の違いや、利用する素材の違いもあるが、この2方式のどちらに属するかが最も大きな違い

量子ゲート型とは？

量子ゲート型は「汎用型量子コンピューター」とも呼ばれます。量子ゲートを組み合わせて作る量子回路という一種のプログラムを実行し、アルゴリズム（解法）を用いてさまざまな問題を解くことができます（図表04-2）。

ハードウェア的には、超電導量子ビットと呼ばれる、シリコン上の量子ビットを超電導によって量子状態にして計算を行うものが主流です。本書の第3章から第4章では、この量子ゲート型について解説します。

▶ 量子ゲート型の仕組み 図表04-2

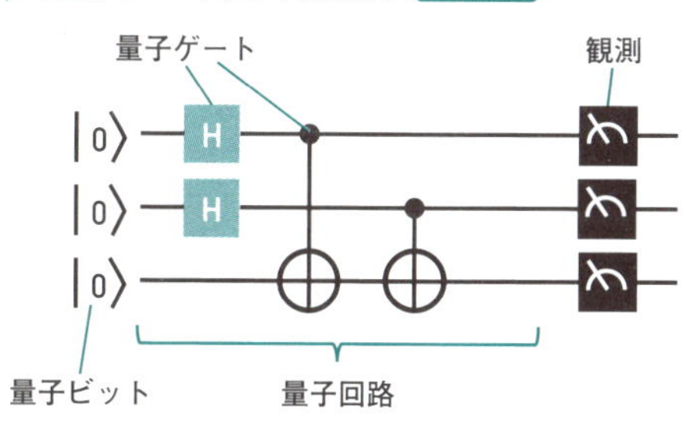

量子ゲートを並べて量子回路と呼ばれるプログラムを作って問題を解く

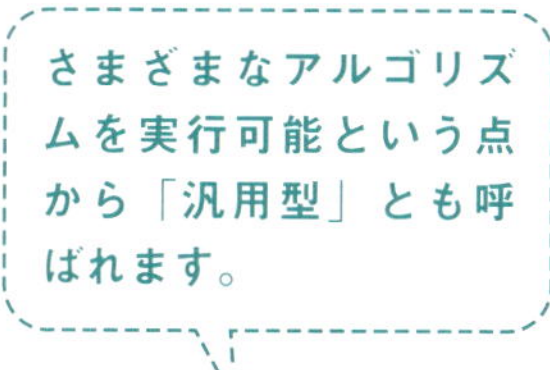

量子アニーリング型とは？

量子アニーリング方式は「組み合せ最適化問題」に特化した量子コンピューターです。量子アニーリング（焼きなまし）というアルゴリズムに基づいています（図表04-3）。

量子ゲート方式と同様に超電導量子ビットと呼ばれる方式が主流ですが、現在では既存の計算機で超電導量子ビットを模擬的に計算するなど派生的な手法も増えています。量子アニーリング型については第7章で解説します。

▶ 量子アニーリング型の仕組み 図表04-3

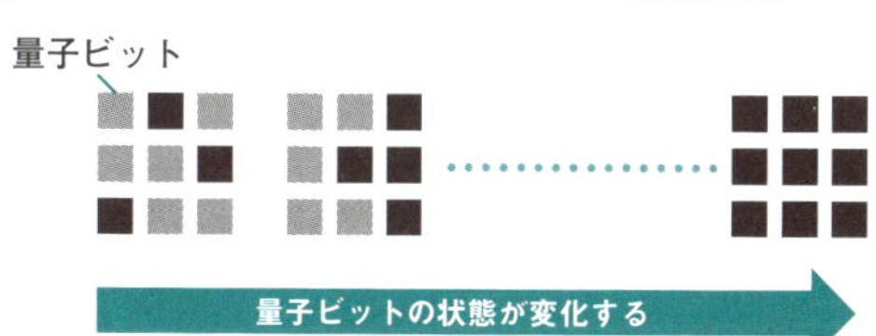

解きたい問題に沿った初期設定を行ったら、量子ビットの状態が確定するのを待つ

Lesson 05 [量子コンピューターのビジネス]

課題から読み解く量子コンピューター

このレッスンのポイント

多くの企業がビジネスチャンスとして取り組んでいる量子コンピューターですが、言い換えればそれだけ解決すべき課題が多いということです。ここでは、量子コンピューターの活躍が求められる課題を紹介します。

「問題が解けること」が掘り起こすビジネスチャンス

量子コンピューターに最も期待されるのは、これまで解けなかった問題が解けるようになるということです。実際には、図表05-1のような現在のコンピューターでは原理的に計算時間がとても多くなってしまって実用的ではない問題を、量子コンピューターの新しい原理を利用して現実的な時間で解こうというものです。私たちの身のまわりには意外と現実的な時間で解けなくて諦めてしまっている問題が多々あります。それらを掘り起こし、解くことで新しいビジネスチャンスが訪れます。

▶ 量子コンピューターが求められている主な問題 図表05-1

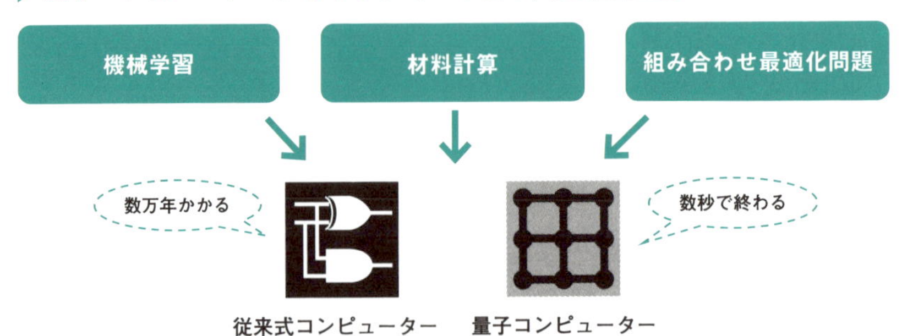

もちろんこれらの問題が従来式コンピューターでまったく解けないわけではないが、複雑さが増していくとやがて限界に達すると見られている

量子シミュレーションで材料計算

材料計算とは何らかの材料を作るための計算のことで、原子を構成する電子の状態まで計算して安定した物質を探し求めます。このような計算手法を「第一原理計算」と呼び、従来式コンピューターで計算させると年単位の時間がかかることもあります。
原子や電子とはすなわち量子のことであり､量子としての性質(量子性)を持ちます。同じく量子性を利用した量子コンピューターで第一原理計算を行うと、従来式コンピューターを大幅に上回る速度で計算できる可能性があります（図表05-2）。新しい効果を持つ医薬品、コンパクトで大容量のバッテリー、強固で長持ちする建築材料、タンパク質やアミノ酸など、新材料が求められる状況は無数にあります。量子コンピューターによってそれらが短期で開発できるようになれば、社会に大きな影響を与えるでしょう。

▶ 量子シミュレーション 図表05-2

新素材

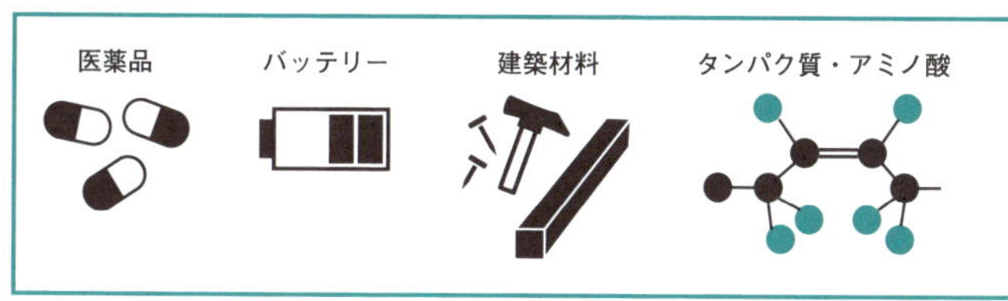

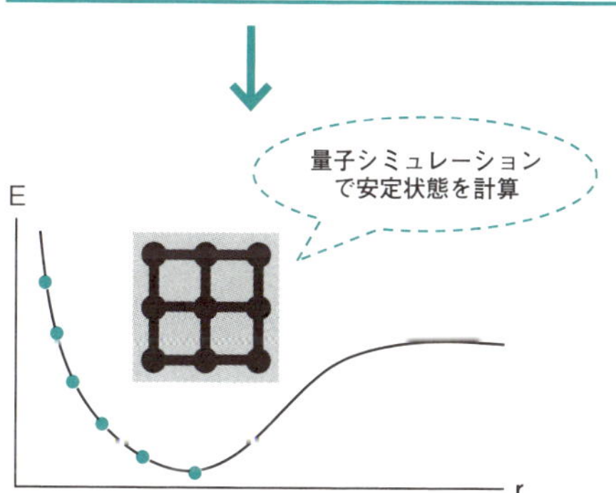

さまざまな新材料の分子構造が安定する状態を計算する

量子コンピューターだから量子の計算が得意というのは、ダシャレのようですが本当のことです。

量子機械学習の新しい可能性

ここ数年、機械学習やディープラーニング（深層学習）と呼ばれる技術を利用したAI（人工知能）が話題を集めています。人間が逐一指示しなくても、自動的な学習によって認識率を高める技術です。カメラの映像から顔や人物を判別したり、障害物を認識して車を自動運転できるようにしたりと、その活用範囲は大きく拡がっています。

機械学習は膨大なデータと計算量を必要とするため、効率的に処理する方法が研究され続けています。その1つが量子コンピューターを利用した量子機械学習です。量子コンピューターは、少ない量子ビット（量子コンピューターが扱うデータの最小単位）で膨大なデータを表して、大量のデータに対する計算を短時間で行うことができます（図表05-3）。この特性を機械学習に活かせば、大幅な高速化が実現できるのではないかと期待されています。

▶ 量子シミュレーション 図表05-3

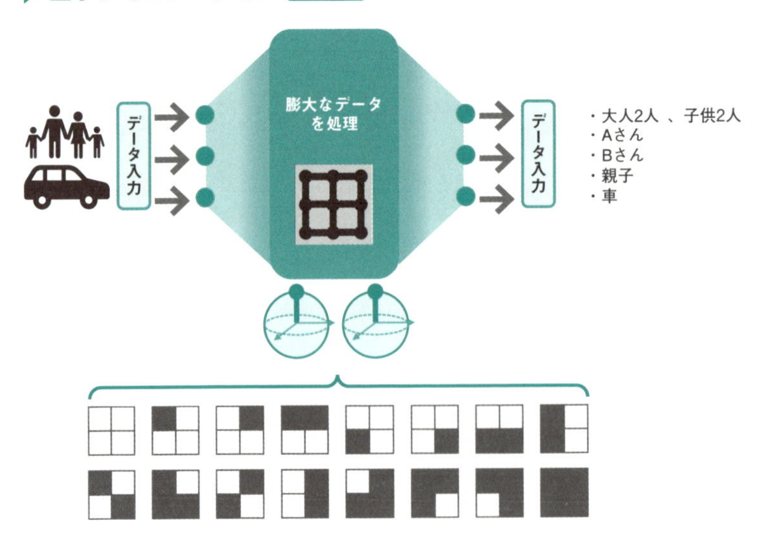

量子コンピューターを使うことで、多くのパターンを少数の量子ビットで表して計算量を減らすことが可能になる

画像認識の研究では、わずか2量子ビットで16パターンを表せるという成果も発表されています。

社会問題を量子コンピューターで解く

現在のコンピューターで解ける問題であっても、量子コンピューターによって速く解けるようになることで新しい進展が期待されています。

自動車にしてもコンピューターにしても、かつては高価で扱いにも手間がかかったため、既存の馬車や手計算を使ったほうが効率がよいと思われていました。ところがコンピューターが低コストかつ誰でも利用できるようになった結果、社会は大きく変化しました。量子コンピューターがもたらす「問題が早く解けるようになること」も、同様に社会に大きな影響を与えるでしょう。

経路探索や業務のスケジュール管理、混雑解消といった社会問題は、主に「組み合わせ最適化問題」と呼ばれます。これらの問題は、一定の複雑さまでなら、従来式コンピューターでも解くことができます。それを量子コンピューターで解いた場合に、従来式コンピューターに勝る計算速度や利便性を示せるのかを、多角的に評価する必要があります。

従来式コンピューターは理論上の限界が見えるレベルまで性能が高まっているので、簡単な問題で量子コンピューターの優位性を示すのは困難です。

量子コンピューターがもたらす新たな課題

ここまで量子コンピューターによって社会の課題が解決される例を挙げてきましたが、逆に量子コンピューターの登場が社会に新たな課題をもたらす可能性もあります。その1つがセキュリティ用の暗号が解かれてしまうことです。

コンピューターのセキュリティに使われる暗号は、現実的な時間内で解くことができないという前提で成立しています。これが量子コンピューターによって簡単に解かれてしまう時代が到来すると、現在のセキュリティシステムは崩壊してしまうでしょう。

すでに量子コンピューターでも簡単には解けない暗号の研究が進められていますが、同様の問題は今後も起きてくる可能性があります。

Lesson 06 ［量子コンピューターの活用］

量子コンピューターが期待される分野

このレッスンのポイント

レッスン5では、量子コンピューターが解決する問題を紹介しました。このレッスンでは具体的なビジネス分野ごとに、量子コンピューターにどのような活躍が期待されるのかを見ていきましょう。

金融分野

金融分野では図表06-1に挙げたような課題があり、なかでもポートフォリオ最適化問題のように複数の株式から最適な組み合わせを選ぶような問題などが有名です。また、金融リスクシミュレーションにおいて、少ない計算量でより高精度のリスク計算を行い、計算量を大幅に減らすという計算もあります。そして金融分野では、量子コンピューターによる暗号解読に備えたセキュリティ分野も将来的に大事になります。

▶ 金融分野での期待 図表06-1

解決する問題	説明
ポートフォリオ最適化	複数の株式から最適な組み合わせを選ぶ
金融リスクシミュレーション	少ない計算量で高精度のリスク計算を行う
セキュリティ問題	量子テレポーテーションを利用した理論上盗聴不可能な通信

最適な組み合わせを求める問題や、セキュリティの問題での活用が期待されている

このようにして見ると、私たちの生活に関わる多くの部分で量子コンピューターが活用されることがわかりますね。

モビリティ分野

モビリティで重要になるのは図表06-2のような問題です。大きな交通データをどのように最適化し、将来的な交通の増大や新しいMaaS（Mobility as a Service）と呼ばれるようなサービスに適用するかどうかがポイントとなります。

また、材料基盤研究として将来的に高性能なバッテリーの開発に材料計算を応用したいという需要もあります。

▶モビリティ分野での期待 図表06-2

解決する問題	説明
交通最適化	渋滞などの交通問題の解決
MaaS	カーシェアリングなどで乗り物をサービス化する
バッテリー開発	電気自動車のための高性能バッテリーの開発

最適化や、材料開発で量子コンピューターの活用が期待されている

IT・ネットワーク分野

ITやネットワークにおいてはこれまで従来式コンピューターで処理してきたリコメンドや分析システムなどが考えられます。組合せ最適化問題の応用や、機械学習を応用したデータマイニングなどで活用できるでしょう（図表06-3）。

▶IT・ネットワーク分野での期待 図表06-3

解決する問題	説明
リコメンド	商品の購入傾向や検索結果などからおすすめの情報を提案する
データマイニング	大量のデータを分析して傾向や将来の予測といった有益な情報を提示する

最適化（リコメンド）や機械学習によるデータ分析などに量子コンピューターが期待されている

第５章では、より詳しく量子コンピューターの活用事例を紹介します。

Lesson 07 [導入のステップ]

量子コンピューターを導入するには

このレッスンのポイント

多くの量子コンピューターはすでにクラウド経由で利用可能な形で提供されており、導入のハードルは下がっています。詳しくは第7章で解説しますが、このレッスンでは導入にあたって何が必要かの概要を把握しておきましょう。

量子コンピューターのハードルは下がっている

実際に量子コンピューターをビジネスに取り込んでみたい、学んでみたいという人も増えてきていますが、どこから手を付ければよいのかわからずに躊躇することも多いのではないでしょうか？

量子コンピューターのハードウェアは、巨大な冷却装置やノイズを遮蔽するシールド板などで構成されたもので、とても一般の家庭や事務所などに設置できるものではありません。しかし、現在量子コンピューターのハードルは大幅に下がっています。それはクラウド、つまりインターネット経由で利用できる形で提供されているからです（図表07-1）。

量子コンピューターの利用者が事業者のフロントエンドサーバーに接続して、量子コンピューターに問題を送れば、計算完了後に答えが送り返されてきます。つまり、必要なハードウェアはインターネットに接続できる一般的なパソコンだけです。

▶ クラウドで提供される量子コンピューター 図表07-1

ハードウェアを自社で導入しなくても、クラウドを経由して量子コンピューターを利用できる

準備するソフトウェア

従来式コンピューターにはExcelのようなアプリケーションがたくさんありますが、量子コンピューターは今のところプログラムを書いて動かすのが一般的です。そのため、導入するためにはプログラミングを学ぶ必要があります。
量子コンピューター向けのプログラムを作るためのソフトウェアとして、SDK（Software Development Kit＝ソフトウェア開発キット）が各量子コンピューターの開発企業などから配布されています。
SDKはPython（パイソン）などのプログラミング言語と組み合わせて利用します。マイクロソフト社のQ#（キューシャープ）のように専用言語が提供されている例もあります。
今はちょっとした計算を行うだけでもプログラムを書く必要がありますが、いずれは誰でも使えるような、量子コンピューター用のアプリケーションも登場するはずです。

学習や開発のステップ

従来式コンピューターのプログラムとは異なる部分も多いため、プログラミング経験があっても教材などをもとに新たに学ぶことになるでしょう。
基本的には一般的なプログラミング学習と同じく、「まず教材を入手し、教材に沿ってSDKで実際に動かしながら学んでいく」という流れで学習していきます。ただし、新しい概念も少なからずあるため、初期段階でつまずくことも少なくないはずです。そのような場合には、外部業者のコンサルティングによるレクチャーや、量子コンピューター向けの教室、そして無料勉強会などが頻繁に開催されているので、それらを活用するとよいでしょう。

本書の第6章では、Blueqat と Python を利用した量子プログラミングを紹介します。実際に試してみてください。

Lesson 08 ［成長戦略］

成長戦略としての量子コンピューター

このレッスンのポイント

量子コンピューターが成果を出すのはまだ先の話だとしても、研究開発を行うこと自体が企業の成長戦略にプラスになります。採用戦略や自社のIT技術の底上げ、中長期の事業計画の軸にするなど、多くの利益が期待できます。

最新技術に触れるよい修行になる

量子コンピューターは現在のコンピューターの延長線上にあり、かつ将来のコンピューターの発展を左右する技術です。量子コンピューターに関わる現場では、常にさまざまな分野の最新技術の取り込みが行われています。そのため、量子コンピューターに触れると、量子コンピューターのみならず他分野の技術動向を含めて最新技術に触れる機会が増えることになり、必然的に社内技術者のスキルも向上します（図表08-1）。また、アメリカなどの大手IT企業の研究者やエンジニアも積極的に参加しており、国内の参入者はまだまだ少ないため、そうした最新技術を持った企業との交流もほかの分野に比べて活発化します。

▶ 量子コンピューターが最新技術を呼び込む 図表08-1

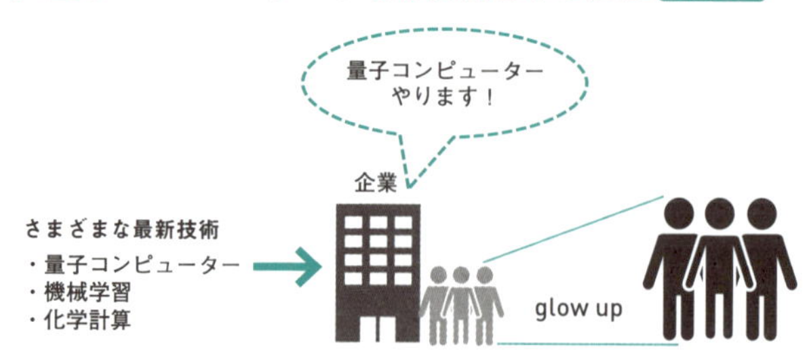

量子コンピューターへの取り組みは、それ自体が企業や社内技術者にとってもよい機会をもたらす

採用戦略としての量子コンピューター

企業が採用活動の一環として量子コンピューターを扱うケースも増えています。量子コンピューターは好奇心を刺激するため、量子コンピューターを扱っている企業には多くの人が集まります（図表08-2）。また、高い技術レベルも要求されるため、その企業の技術レベルを図るための指標としても利用されます。

一方、就職希望者側から見たメリットもあります。現在量子コンピューターに関する資料や技術レポートは大量に公開されており、個人でもそれらの情報をもとに量子コンピューターを独学する環境がそろっています。転職のために量子コンピューターを学んでスキルアップを目指すのも有効でしょう。

▶ 量子コンピューターが人材を集める 図表08-2

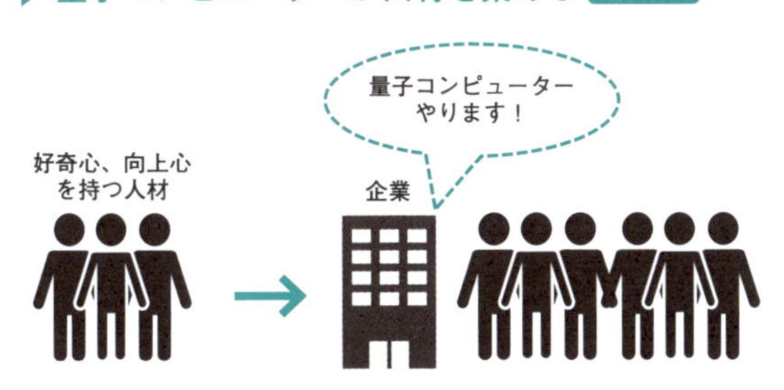

量子コンピューターは現在注目テクノロジーの1つなので興味を持つ人材が増えている

事業戦略としての量子コンピューター

量子コンピューターでは、直近では量子アニーリング型の活用事例が目立ちますが、将来的にはアルゴリズム次第で幅広く活用可能な量子ゲート型が主流になると想定されています。このように用途と発展状況をきちんと理解しておけば、事業戦略の中で短期と中長期の戦略に量子コンピューターをきれいに組み込むことができるでしょう。既存の機械学習や深層学習などの人工知能の最新トピックともつなげることで、自社の事業戦略を無理なく組み立てることができます。

▶ 量子コンピューターの導入から事業化まで 図表08-3

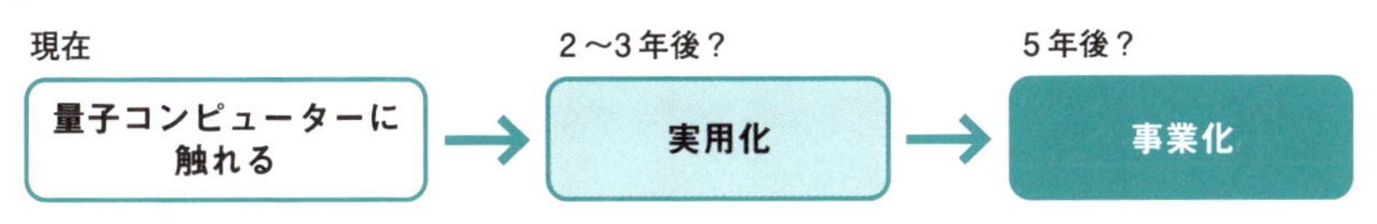

短期と中長期で区切って戦略を立てる

COLUMN

量子コンピューターに数学は必要？

結論を先にいってしまうと、量子コンピューターに数学は必要です。量子コンピューターがどんなものかを知るだけなら数学の知識は不要なのですが、量子コンピューターの活躍が期待されているのは機械学習や量子シミュレーションといった分野です。その分野自体が数学の知識を必要とするため、本格的に使いこなそうとすると数学を避けては通れなくなるのです（図表08-4）。量子コンピューター自体で最低限必要となるのは「行列演算」ですが、量子コンピューターを利用するジャンルに応じて微積分や統計学などが登場してきます。ただ、量子コンピューターを理解するだけなら数学は不要ですし、本書でも数式はほとんど出てきません。その点は安心してください。

▶「量子コンピューターで量子化学計算」の記事 図表08-4

@yuichirominato 2018.08.11更新 639views

量子コンピュータで量子化学計算

VQE 量子ゲート 量子コンピュータ 量子化学

Tweet

はじめに

現在、1980年代に量子のシミュレーションや計算用途で考案された量子ゲートモデルの量子

1、ハミルトニアンの準備

早速内容を見ていきたいと思います。ときたい問題のハミルトニアンは下記のものを使用します。

$$H=-\sum_i\frac{\nabla^2_{R_i}}{2M_i}-\sum_i\frac{\nabla^2_{r_i}}{2}-\sum_{i,j}\frac{Z_i}{|R_i-r_j|}+\sum_{i,j>i}\frac{Z_iZ_j}{|R_i-R_j|}+\sum_{i,j>i}\frac{1}{|r_i-r_j|}$$

原子の位置、重さ、電荷をR_i, M_i, Z_iとして、電子の位置をr_iとします。

2、ボルンオッペンハイマー近似

ボルン-オッペンハイマー近似は、原子核の質量が電子の質量よりも遥かに大きいことを使って、電子と原子核の運動を分離して運動を表し、電子状態については、原子核が固定されているものとして、電子波動関数とエネルギー固有値を求めます。上記式で原子の位置を固定すると下記の式が得られます。

$$H=-\sum_i\frac{\nabla^2_{r_i}}{2}-\sum_{i,j}\frac{Z_i}{|R_i-r_j|}+\sum_{i,j>i}\frac{1}{|r_i-r_j|}+C$$

筆者のブログ（https://blog.mdrft.com/post/391）では、量子コンピューターに関する数学の知識をまとめている

量子コンピューターを導入するために必要な人材については、第8章で解説します。

Chapter

2

そもそも「量子」とは?

量子の世界の物理法則を「量子力学」といい、そこから応用した量子情報科学が量子コンピューターの基本原理となっています。ここでは量子力学の歴史をひもときながら、量子とは何かを説明していきます。

Lesson 09 [量子の基本]

量子の性質を知ろう

このレッスンのポイント

量子とは、現在私たちが住んでいる世界のあらゆる物質を構成しているとても小さい単位のことです。量子はあまりに小さいため、私たちの目に見えている物質とは異なる振る舞いをします。まずは量子の持つ性質を理解しましょう。

量子とは?

「量子」とは、電子や光子など物理学で出てくるさまざまな小さい単位の物質やエネルギー単位の総称です。私たちの身体、道端の石ころ、植物など、この世のありとあらゆる物質は、小さな粒が集まってできています。その粒の正体は、原子や電子、陽子といった「量子」なのです（図表09-1）。

▶ 物質を構成する単位 図表09-1

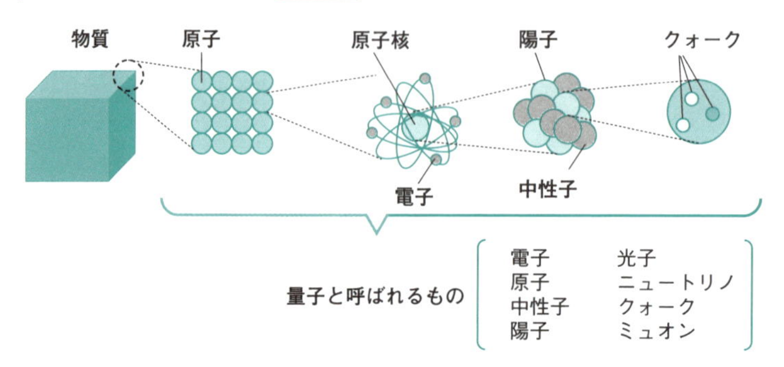

ひとことで「量子」と呼ぶが、1種類ではなく、極小の物質やエネルギーの総称を表す

粒子と波の性質を両方持っている

「ナノ」という言葉を聞いたことがあるでしょうか。これは単位を表す言葉で、「10億分の1」を意味します。量子はナノメートル、つまり1メートルの10億分の1という、想像もつかないほど小さいサイズのため、私たちの目に見えている世界とは異なる物理法則に支配されているのです。この量子の性質を最も特徴づけているのが「粒子」と「波」の両方の性質を持っているということです（図表09-2）。図表09-3のように「粒子」は物質としての性質を表し、「波」は状態としての性質を表します。この「物質」と「状態」の性質を持ち合わせているため、私たちの身のまわりの現象からすると、とても不思議なことが起きます。

▶量子の世界では物理法則が変わる 図表09-2

身のまわりの世界の物理法則

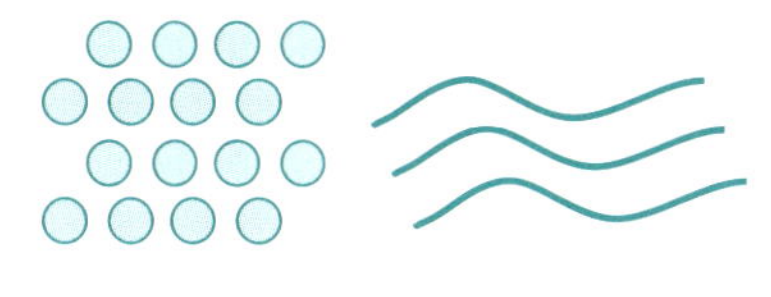

粒子は粒子　　波は波

量子の世界の物理法則

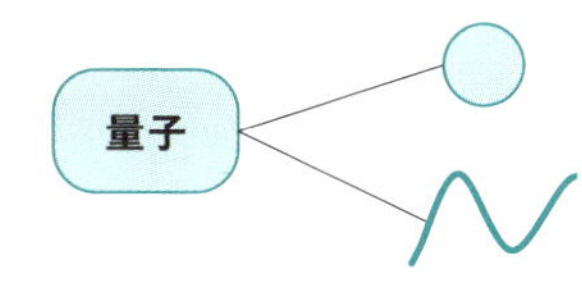

粒子と波、両方の性質を持つ

▶粒子と波の性質 図表09-3

粒子の性質

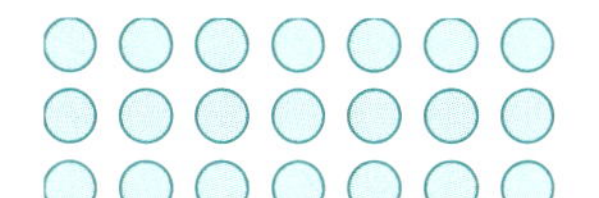

粒子とは小さなつぶ状の物体の総称。粒子の性質は1つの場所に存在すること（局所性）を指す

波の性質（波動）

波動とは同じようなパターンが空間を伝播する現象のこと。波の特徴として、重ね合わせの原理や定常波、干渉など特有の現象が多々ある

この粒子と波動の二重性については、すぐに納得できない人も多いはずです。しかし、次のレッスンで説明する「二重スリット実験」によって、この考え方が正しいことが繰り返し実証されています。

Lesson 10 [粒子と波の性質]

量子の性質を検証する「二重スリット実験」

このレッスンのポイント

量子が持つ粒子と波動の二重性は「二重スリット実験」によって検証できます。かつては量子の一種である電子を粒子としてのみ捉えていたのですが、この実験によって、波動の性質を合わせもつことが明らかになりました。

二重スリットの実験とは?

二重スリット実験とは、量子が持つ粒子と波動の二重性を検証する実験です。1961年以降、複数の科学者によって何度も検証されています。図表10-1のように実験装置から電子を発射し、真空の中を反対側のスクリーンに到達させます。発射装置(電子ビーム銃)とスクリーンの間に2本のスリットの空いた衝立を設置し、電子がそのスリットを通過してスクリーンに当たるとどうなるかを確認します。

▶ 二重スリット実験の中身 図表10-1

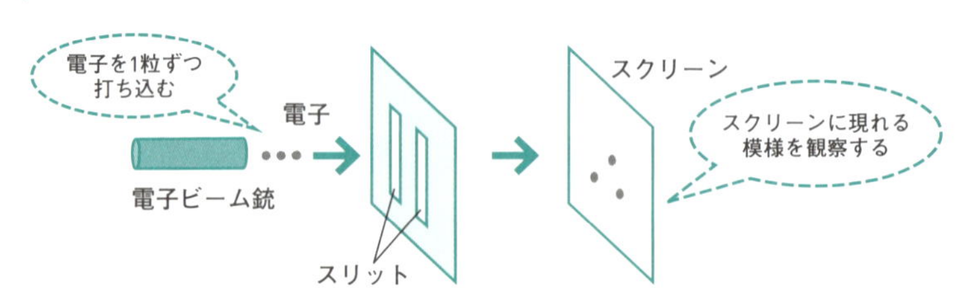

電子ビーム銃から何度も電子を打ち込み、途中にある2つのスリットを通過した電子がどうなるかを観察

この実験以降、粒子と波の二重性が広く認知されることとなりました。

実験でわかったこと

電子は1つずつ順番に打ち込みます。すると、電子がスクリーンに当たって、図表10-3の①～②のようにぽつぽつと痕がつきます。これを何度も何度も繰り返すとどうなるでしょうか。私たちが直観的に予測すると、図表10-2のように2本のスリットの形に痕がつくと考えます。たとえばこれがパチンコ玉だと、発射装置とスリットを結んだ直線上に玉が当たりますよね。

ところが実際はどうなったかというと、図表10-3の③のように、縞模様が現れたのです。これは、波がお互いに干渉して現れる干渉縞と同じで、電子が波の性質を持っていることを表しています。

1発ずつ打ち込むと確かに粒のような痕がついているので「電子は粒子である」ことがわかります。そして何度も打ち込むと波の干渉縞ができることから「電子は波である」ことがわかります。このことから、「電子は粒子であり、かつ波である」と解釈できます。

▶ 量子が波の性質を持たないと仮定すると…… 図表10-2

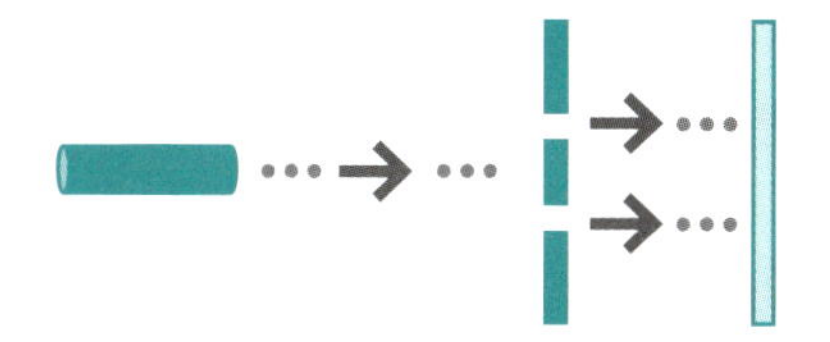

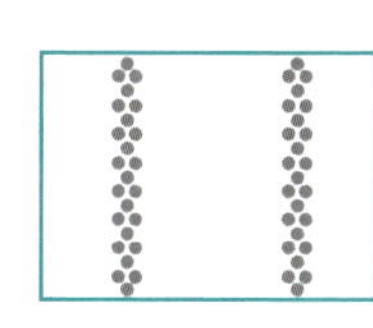

波の性質がなければ、スリットに沿った痕になるはず

▶ しかし実際の実験結果は…… 図表10-3

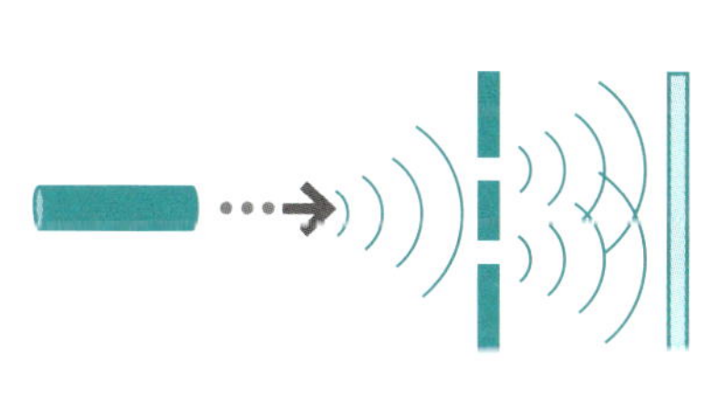

①

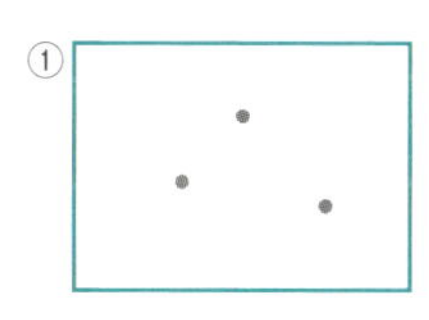

②

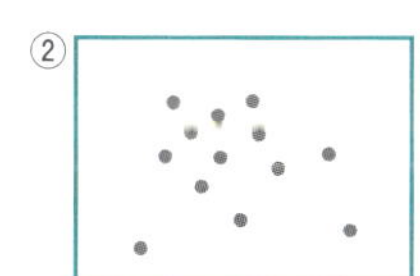

③

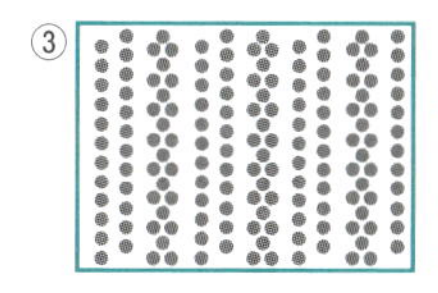

実際は干渉縞ができることから「波」の性質を持つことがわかる

Lesson 11 [量子情報科学]

量子力学から量子情報科学へ

このレッスンのポイント

量子の世界では粒子と波の二重性があるということがわかりました。この性質を情報科学へ応用して計算に利用しようというのが「量子情報科学」です。そして、それを形にしたものが量子コンピューターなのです。

○ 粒子と波の二重性を計算に応用する

量子の性質を取り扱う物理学を「量子力学」といいます。量子力学は図表11-1で表したようにとても広い範囲を扱う学問です。非常に難解なものですが、量子コンピューターを利用するにあたって、量子力学そのものを理解する必要はまったくありません。その代わり、量子の性質を計算に活かす「量子情報科学」を学びます。

量子情報科学で行うことは、量子力学に基づきながら、範囲を絞って量子を計算に応用することが主体になります。量子力学で決められたルールを守りながら、どのように計算に使えるかということを量子情報科学で決めています。

従来型のコンピューターにはなくて、量子コンピューターで利用できる機能として、0と1の重ね合わせの計算や、波動の位相成分を利用した計算（レッスン22）があります。これらを切り替えながら量子を計算に利用していきます。

▶ 量子力学と量子情報科学の範囲 図表11-1

量子力学

- 量子電磁力学
- 量子重力理論
- 量子色力学

量子情報科学

- 重ね合わせ
- 量子もつれ

量子情報科学（＝量子コンピューター）は量子力学の一部を利用して計算を行う

量子計算のルールを決める

量子には「重ね合わせ」「もつれ」などの特徴的な原理があります。量子情報科学では、量子の性質を利用して従来の計算手法よりはるかに高速な計算を目指しています（図表11-2）。量子情報科学のルールは、量子力学のルールに反しないように慎重に決められたもので、盤石な計算基盤となっています。

▶ 量子情報科学の主な構成要素 図表11-2

量子情報科学が利用する基本原理（レッスン 14 で紹介）

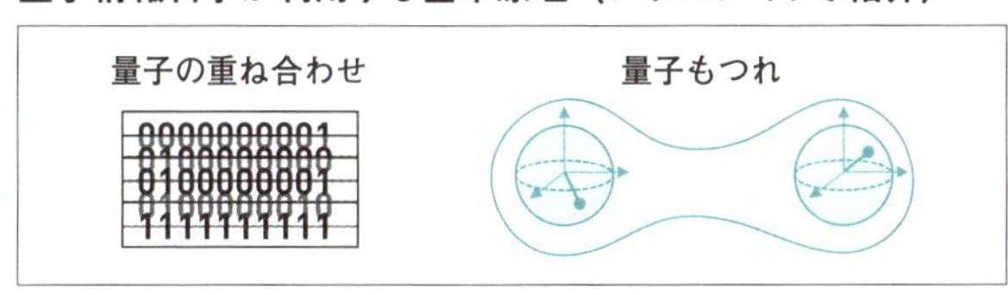

量子の状態の見える化（レッスン 12 で紹介）

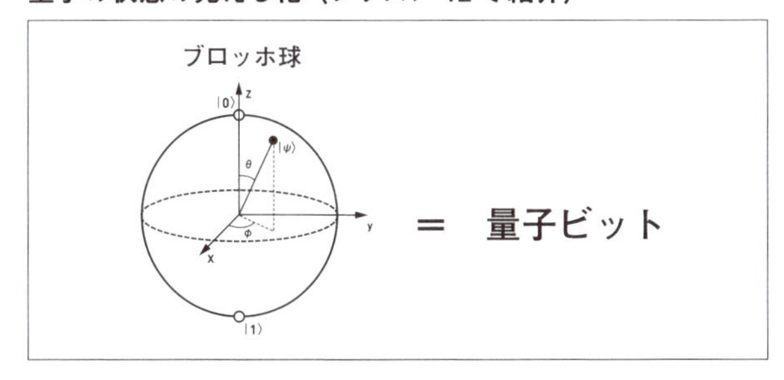

量子の操作（レッスン 13 で紹介）

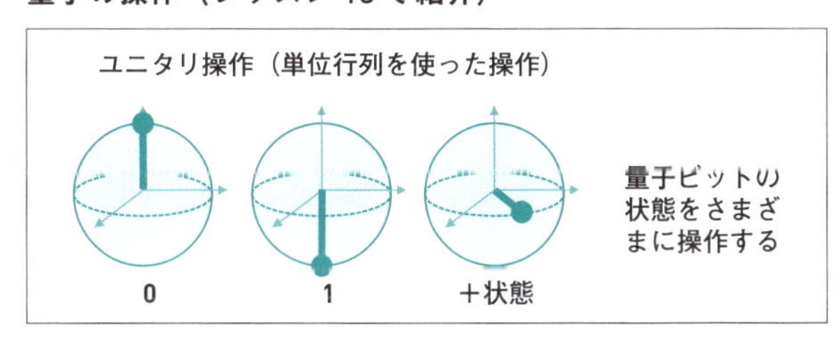

量子の操作（レッスン 13 で紹介）

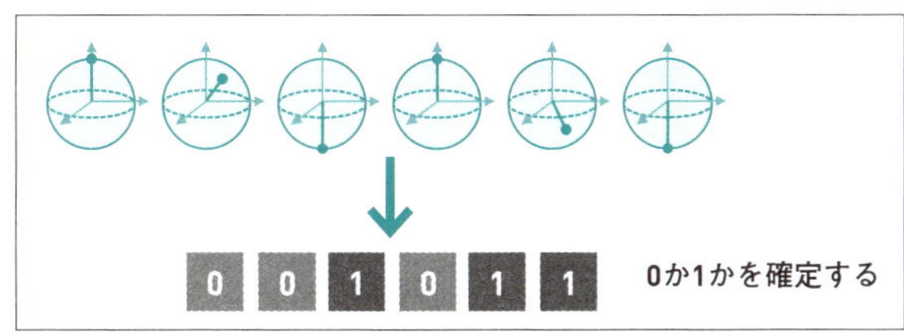

量子を用いた計算は、これらのルールに基づいて行う

Lesson 12

[量子の演算の見える化]

見えない量子の演算を「見える化」する

このレッスンのポイント

量子計算科学は、量子力学によって保証された計算の基盤の上で、実際の計算原理を組み立てていきます。まずは、量子を使って情報を表せるようにするための「見える化」から確認していきましょう。

量子は見えない

量子で計算を行うためには、数値などの情報を量子の状態で表す必要があります。そのためには量子の状態（「量子状態」と呼びます）を確認しなければいけないのですが、私たちは量子を見ることができません。

量子の状態を「見える化」するには、図表12-1のように何度も測定を繰り返して統計的に計算結果を導きます。量子の重ね合わせや量子もつれなど不思議な現象は、測定結果から「予測すること」しかできません。「直接見ること」はできないのです。

▶ 繰り返し計算で解を求める 図表12-1

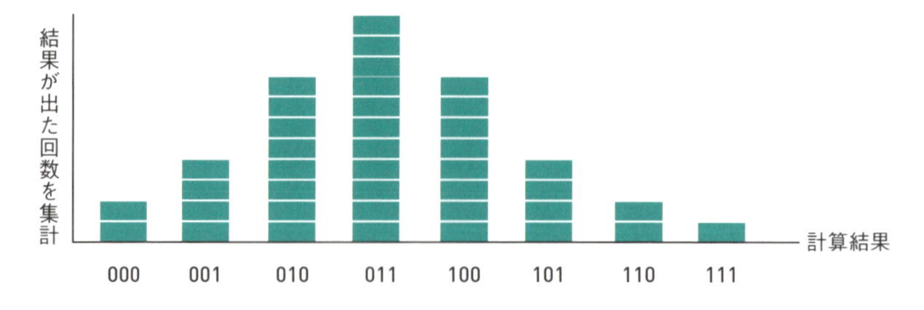

量子を利用した計算は、計算のたびに結果が変わるという不思議な性質がある。何度も計算を試行して、その傾向から結果を予測するしかない

量子の演算を見える化する「ブロッホ球」

計算途中にある量子の状態は見えません。しかし計算をするためにはその量子状態をなんとか見える化して扱えるようにしなくてはいけません。それらは数学的に「状態ベクトル」と呼ばれる数字の羅列で表現できます。

これによって1つの量子もしくは複数の量子のさまざまな量子状態や現象を数式を使って表現できます。なお、「量子ビット」とは量子コンピューターが扱う情報の最小単位です（レッスン19参照）。状態ベクトルよりも視覚的に把握しやすくするために、通常は1量子を「ブロッホ球」と呼ばれる球で表現します（図表12-2）。この球は縦軸の上が0、下が1に対応し、中間は1と0の重ね合わせを表現しています。これによって1量子の状態を数学的に見える化することで計算途中の把握をしやすくなります。

量子の世界では0と1は別々のものとして扱わず、連続的なものとして扱っている点がこれまでの計算原理とは異なるところです。ちなみに私たちの世界は、このブロッホ球の縦のZ軸上にあり、Z軸の一番上の0か一番下の1のどちらかしか見ることができません。

▶ 量子状態を見える化したブロッホ球 図表12-2

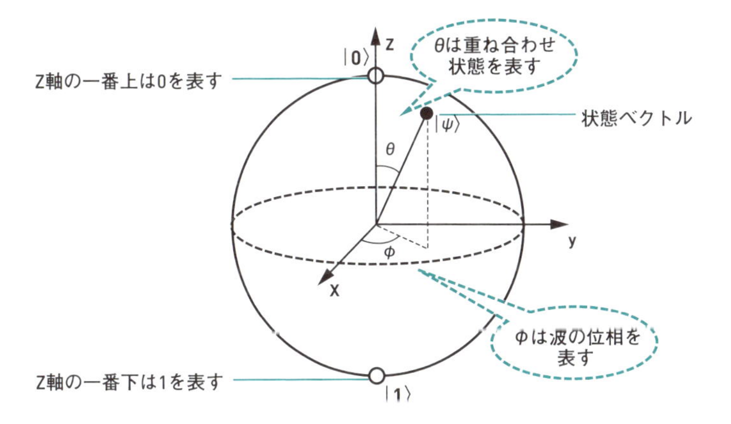

矢印がZ軸上にあれば0または1、Z軸上になければ0と1が重ね合った状態を表す

ブロッホ球や状態ベクトルは数学的な表現の１つです。実際に球や矢印が存在するわけではありません。

Lesson 13 [量子の操作と測定]

量子の操作によって計算する

このレッスンのポイント

従来の計算機では、1か0かのビットを操作して計算を行っていきます。量子コンピューター（量子情報科学）では、量子ビットの状態を操作して計算を行います。また、計算の結果は測定によって確定します。

量子を自在にあやつる「ユニタリ操作」

量子に対する操作とは、ブロッホ球にある矢印を回転させることとイメージしましょう。矢印は頂点の0から一番下の1まで自由に動くことができます。その矢印の指す位置によって量子状態が表現されます。一番上を指しているときには0、一番下を指しているときには1を表しています。また、真横を指しているときには、「＋（プラス）状態」といって0と1が重なっている状態を表します。このような状態は本当に0と1が重なっているので、測定すると0と1が半分ずつの確率で出てきます。見るたびに答えが変わってしまうので、計算がしづらいともいえますが、量子の世界ではこのようなことが起こりうるのです。計算結果の捉え方もこれまでとは異なったものになっています。量子情報では、一定のルールでこの矢印を操作して量子情報処理を行います。特にこの矢印を動かす操作を「ユニタリ操作」と呼びます（図表13-1）。具体的な操作については、次の章で解説します。

▶ 量子をあやつるユニタリ操作 図表13-1

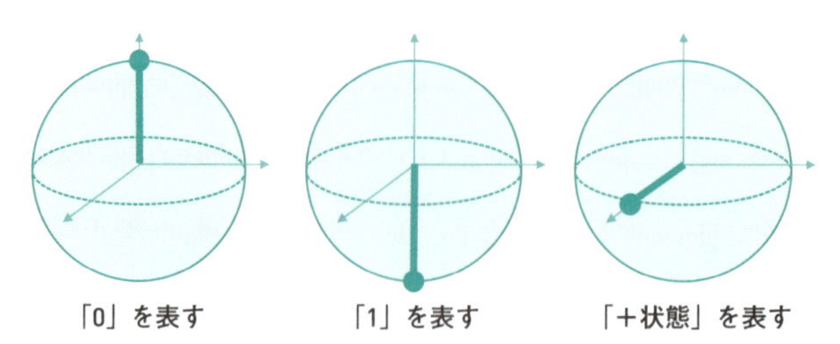

ブロッホ球の矢印を動かして、0や1、＋状態を表す

＋状態の量子を測定すると、1と0が半分ずつの確率で出てきます

測定によって答えを求める

ユニタリ操作で量子をあやつると、初期段階の量子状態から変化します。たくさんの操作を行うことによって量子状態は初期の状態から大幅に変化します。それらの最終の結果を取り出すために行うのが「測定」です。
測定を行うと、ブロッホ球の矢印の向きはZ軸の一番上か一番下のどちらか、つまり0か1に確定します。重ね合わせ状態やもつれ状態など、特殊な量子状態はこの段階ですべてなくなり、0と1のとてもシンプルな形になって私たちは見ることができます。
測定と呼ばれるこの作業によって、最終的に答えを得られますが、どの結果になるかは途中の量子状態によって変わります。しかも、その答えは図表13-2のように毎回変わることがあります。それらは「ある答え」になりやすいという性質を持っていますが、必ずしも毎回同じ答えになるわけではないのです。そのような場合には何度も同じ計算を行い、出てくる答えの傾向を把握する必要があります。何度測定すれば正しい答えに近づくのかは計算の種類によって変わります。
このように、計算結果を取り出すという操作においても、これまでの計算とは異なる原理で動いていることがわかります。

▶ 測定によって結果を出す 図表13-2

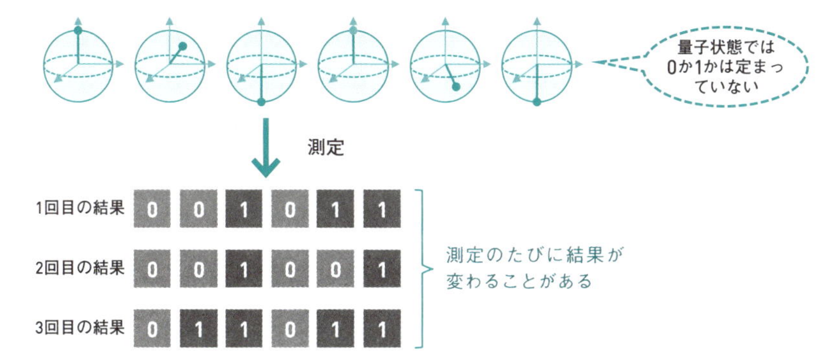

測定のたびに答えが変わるという性質は不便なだけに思えるかもしれません。しかし、この性質を利用すると、従来式コンピューターには実現不可能な速度で計算できるのです。

Lesson 14 [量子の重ね合わせと量子もつれ]

量子コンピューターはなぜ高速に計算できるのか

このレッスンのポイント

より具体的な量子コンピューターの仕組みについては第3章以降で少しずつ説明していきますが、ここではその原理である「重ね合わせ」と「量子もつれ」に簡単に触れておきましょう。

量子の重ね合わせによる高速化

量子コンピューターが利用する原理の1つに、量子の「重ね合わせ」があります。量子の重ね合わせとは、先にブロッホ球などを使って示した情報の0と1が重ね合わさった状態を指します。これを利用すると、大量のデータが重なり合った状態を表現できます。たとえば、1万個のデータを利用した計算を行う場合、従来式コンピューターでは原則的に1万回計算を行う必要があります。計算の種類にもよるのですが、量子コンピューターでは、1万個のデータが重なり合った状態を作り出し、より少ない計算で済ませることも可能になります（図表14-1）。

▶ 量子の重ね合わせを利用した計算とは？ 図表14-1

従来式コンピューターの場合

00000000	00000001	00000010	00000011
00000100	00000101	00000110	00000111
	⋮		
11111000	11111001	11111010	11111011
11111100	11111101	11111110	1111111111

大量のデータを扱う場合、1つずつ計算していかなければいけない

量子コンピューターの場合

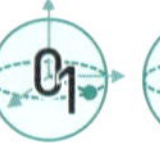

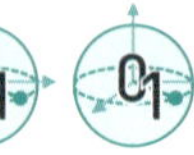

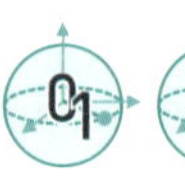

大量のデータが重ね合わさった状態を作り出し、一気に計算することができる

量子もつれによって複数の量子を関連付ける

重ね合わせと同様に重要な原理として「量子もつれ」があります。複数の量子の間で起こる現象で、量子状態の操作によって、「ある量子を測定をした際にほかの量子の状態に影響を与えてしまう」という特殊な性質です。これまでの従来式コンピューターではありえない計算原理であり、計算の高速化に役立つと期待されています。

▶ 量子もつれとは？ 図表14-2

従来式コンピューターの場合

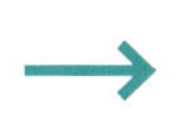

情報（ビット）はそれぞれ独立している

1つの情報を変えても、操作しない限りほかの情報には影響しない

量子コンピューターの量子もつれの場合

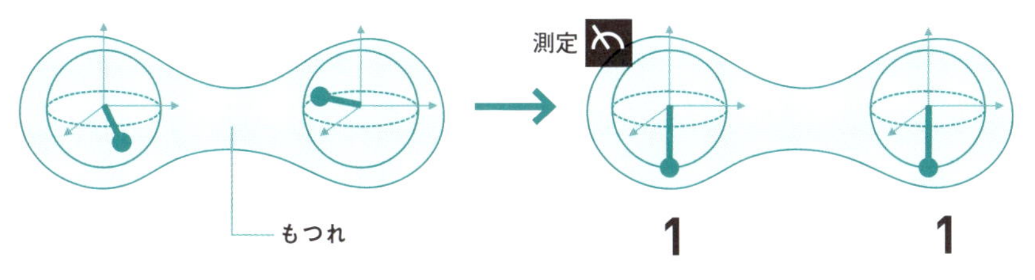

2量子間に量子もつれを引き起こす

1つの量子を測定して確定すると、もつれ関係にあるほかの量子も確定する

量子もつれの応用例として量子テレポーテーション（レッスン39参照）がとり上げられることが多いのですが、量子もつれ自体はもっと基本的な計算処理に使われる原理です。

COLUMN

量子コンピューターの研究はいまも進行中

量子コンピューターは、量子状態をきちんと管理し、それを特定のルールで操作することで、粒子と波の二重性や、重ね合わせ、量子もつれを利用して計算を行う計算機です。量子の重ね合わせや量子もつれは量子の特徴的な原理なので、従来式コンピューターでは利用不可能なものです。そのため、それらを利用した計算方法（量子アルゴリズム）も従来とはまったく異なるものになります。量子コンピューターというハードウェアの研究と並行して、計算方法の研究もいまだ発展が続いています。どのように重ね合わせや量子もつれを利用すれば、従来式コンピューターを超える性能が出せるのかという研究開発が日々世界中で行われています。

▶ 従来のコンピューターではできない計算ができる 図表14-3

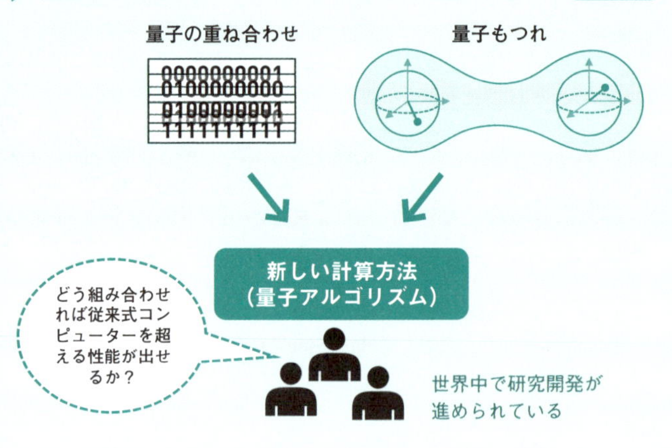

これら量子の原理を踏まえて、次の第3章では量子コンピューターがどのように計算を行うのかを見ていきます。

Chapter

3

原理からひもとく量子コンピューター

量子コンピューターは量子力学の原理に基づいていますが、従来式コンピューターと共通している部分もあります。まずは従来式コンピューターがどのように動いているのか、続いて量子コンピューターがどのように計算を行うのかを解説します。

Lesson ［コンピューターの仕組み］

15 コンピューターの仕組みを知ろう

このレッスンのポイント

従来のコンピューターがどのような仕組みで動いているかを知っておくことは、量子コンピューターを理解するうえでも役立ちます。このレッスンでは、コンピューターの基本的な構成要素を学びましょう。

コンピューターは「計算機」

私たちに最も身近なコンピューターであるパソコンやスマートフォン。こういったデバイスの画面に表示する画像や動画、文字、そして流れる音声など、ふだんは意識することはありませんが、これらはすべてコンピューター内部で行われている計算の結果として表示されているのです（図表15-1）。これ以外にも、仕事の帳簿作成や電車の乗り換えルートなど、すべて計算によって導かれて画面に表示されています。そしてこういった計算は、コンピューターの中央にある演算装置にて行われています。この演算装置と制御装置を合わせたものを「CPU」（中央演算装置）といいます。

▶ コンピューターの役割のイメージ図 図表15-1

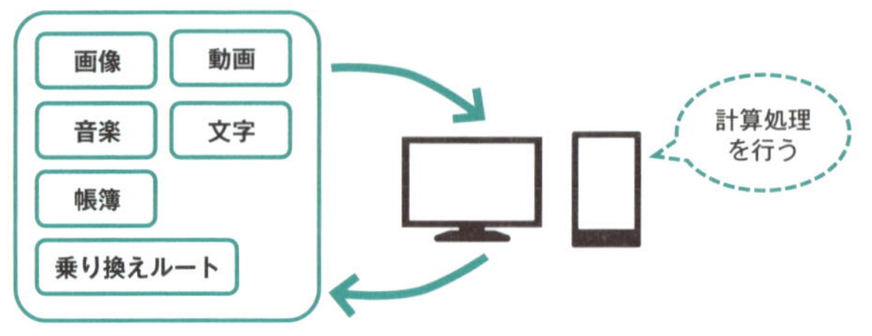

あらゆる情報を数値に変換して受けとり、計算結果を人間が理解しやすい情報にして返す

現在のコンピューターはさまざまな仕事をこなせますが、その本質は「計算機」です。

コンピューターの構成要素

コンピューターは、演算装置（CPU）のほかにも図表15-2に挙げたいくつかの主要なパーツで構成されています。演算装置を制御する制御装置、演算結果を保存する記憶装置、データを受け取る入力装置、そして計算結果を出す出力装置です。この構造はパソコンでもサーバーコンピューターでもスマートフォンでもまったく同じです。

▶ コンピューターの5大機能 図表15-2

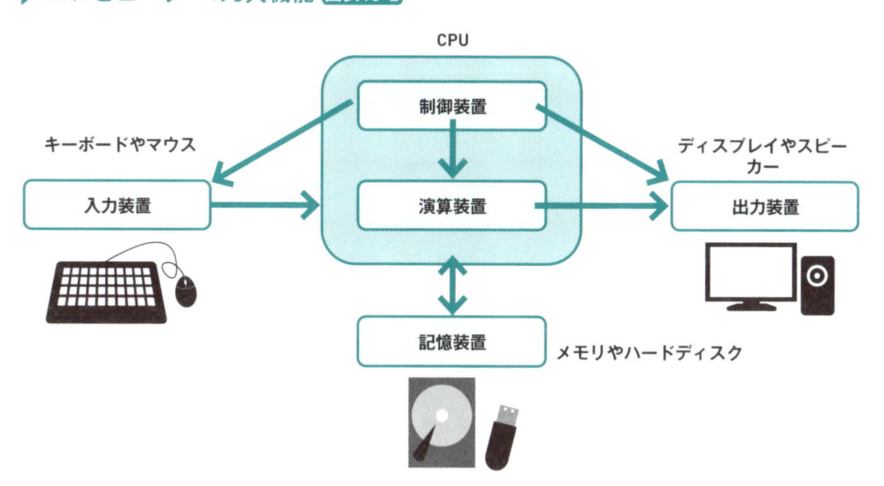

構成要素	機能
制御装置	記憶装置からプログラムを読み込み、各装置に指示を出す。CPUの一部
演算装置	各種の計算を行う。CPUの一部
記憶装置	データを記憶する。電源を切ってもデータを維持できる2次記憶装置（ハードディスクやSSDなど）、高速だが電源を切るとデータが消える1次記憶装置（メモリ）に分かれている
入力装置	ユーザーからの操作を受けとって制御装置や演算装置に渡す
出力装置	映像や文字、音声などの形でユーザーに結果を提示する

従来式のコンピューター（パソコン、サーバー、スマートフォンなど）は、すべてこれらの機能で構成されている

量子コンピューターには演算装置しかない

従来のコンピューターと量子コンピューターには、この構成要素に大きな違いがあります。量子コンピューターには、コンピューターの構成要素の1つである「演算装置」しかないのです。図表15-3のように、演算装置の中核となる量子ゲートチップだけが「量子力学」の仕組みで動いていて、それ以外の装置は量子コンピューターに計算の指示を与える働きをしています。

▶ 量子コンピューターの構成図 図表15-3

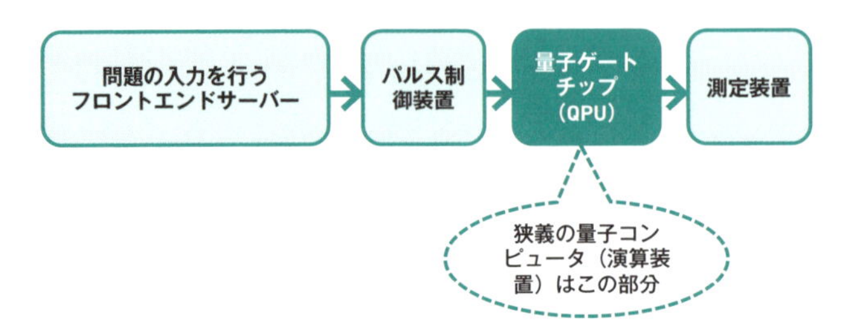

この構成のうち、量子力学の仕組みで動いているのはQPUのみ

量子コンピューターは巨大な冷却装置を必要とするため、社内に置いて使うというわけにはいきません。たいていはインターネット経由（クラウド）で操作します。

ワンポイント 量子コンピューター対GPU

現状の量子コンピューターには演算装置しかないため、量子コンピューターに求められるのは計算速度のみともいえます。しかし、現在のコンピューターにおいて、計算の高速化に使われるのは量子コンピューターだけではありません。最も身近なところではGPU（Graphics Processing Unit）があります。GPUの目的は3Dグラフィックスを描画することですが、その実態は3次元座標を大量に計算するための演算装置です。その演算回路を、ディープラーニングやブロックチェーン、物理現象などの計算に使うケースが増えています。GPUは従来式コンピューターの延長線上にあるものなので理論上は高速化の限界があるはずですが、現時点では安価で入手しやすいというメリットが勝ります。量子コンピューターにとって意外なところにいるライバルなのです。

量子コンピューターと半導体

従来式コンピューターのCPUやメモリなどが、シリコンなどの半導体素材を使って作られているという話は耳にしたことがある人も多いと思います。半導体は、電気を通す「導体」と電気を通さない「不導体」の2つの状態が切り替わる素材です。従来式コンピューターでは半導体を一種のスイッチや配線として利用しています。量子コンピューターでは、利用する量子の種類によって構造が異なります。本書で主に解説していくのは、量子として電子を利用し、チップ製作に半導体を利用するタイプの量子コンピューターです。電子を利用するからといって必ずしも半導体を使う必要はありません。しかし、半導体を利用した場合、すでに従来式コンピューターのために開発された微細化技術を利用できるというメリットがあります。

量子コンピューターはいまだ発展途上です。本書で解説する量子コンピューターはその一例であり、将来的にはまったく違う素材や構造が主流となる可能性もゼロではありません。

ワンポイント 量子コンピューターの素材は種類によってさまざま

半導体を利用するのは量子コンピューターのうちの一部です。以降で紹介する量子コンピューターは、「超電導量子ビット型」と呼ばれるもので、半導体で作られた回路を超電導状態にし、電荷（溜まっている電気の量）で量子状態を表します。ただし、量子コンピューターなら必ず半導体と超電導を使うわけではありません。量子コンピューターに必要となるのは量子状態を維持することなので、それが実現できるのであれば、使用する素材も技術もさまざまなのです。

Lesson 16 [QPU]

量子コンピューターの演算装置「QPU」

このレッスンのポイント

QPUは複数の量子ビットを内包するプロセッサです。外部からマイクロ波を送って量子ビットの状態を変化させ、さまざまな計算を行います。現時点では量子状態を保つために冷却装置などの大がかりな設備が必要です。

QPUについて知ろう

量子コンピューターの心臓部にある演算処理装置を「QPU」といいます。CPUが「Central Processing Unit」(中央演算装置) の略なのに対し、QPUは「Quantum Processing Unit」(量子演算装置) の略です。QPUもCPUと同じように、命令を受けて演算処理を行いますが、その命令を出す装置をパルス制御装置といいます (図表16-1)。

CPUが主に半導体技術を利用してデータを処理しているのに対し、QPUは半導体に加えて極低温によって起きる超電導状態を利用しているのが特徴です。

▶ QPUの構造 図表16-1

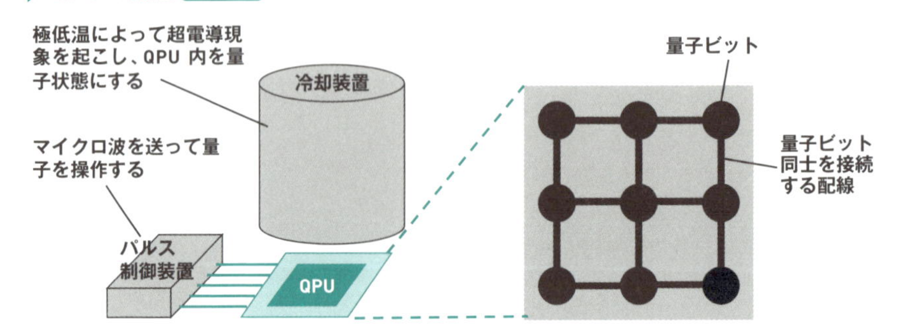

QPUの中には量子ビットと配線しかなく、外部から送るマイクロ波によって量子を操作し、目的の計算を行わせる

超電導や極低温は何のために必要？

QPU内で使用する信号は非常に小さなエネルギーです。そのため図表16-3のように回路の内外で発生するちょっとしたノイズや電気抵抗などによっても影響を受けてしまいます。それを防ぐために利用されるのが超電導と極低温です。

超電導は「超伝導」とも書き、物質を冷却したときに電気抵抗がゼロになる現象です。電気抵抗がゼロになると、電気抵抗が発する熱や外部からの磁場などによる電子への影響がなくなります。つまり量子に影響するノイズを減らすために超電導が必要となり、そのために極低温が必要となるのです（図表16-4）。

▶ 従来式コンピューターの電子回路の場合 図表16-2

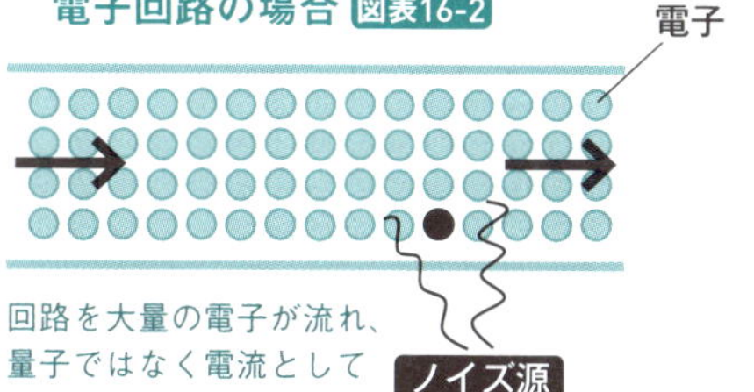

回路を大量の電子が流れ、量子ではなく電流としての性質を示す。そのため内外の微弱なノイズでは影響を受けない

▶ QPUの回路の場合 図表16-3

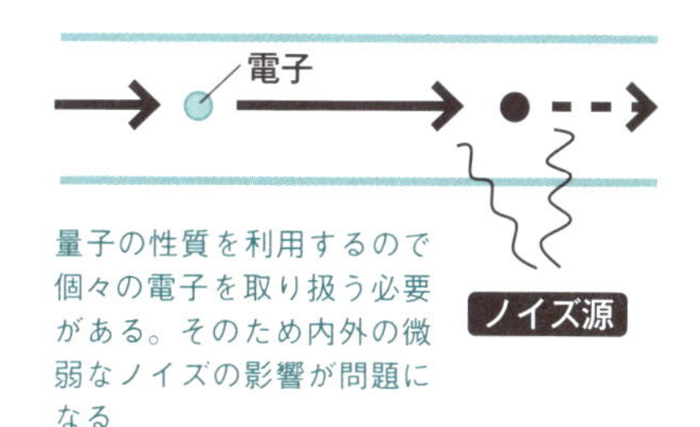

量子の性質を利用するので個々の電子を取り扱う必要がある。そのため内外の微弱なノイズの影響が問題になる

▶ 極低温による超電導状態 図表16-4

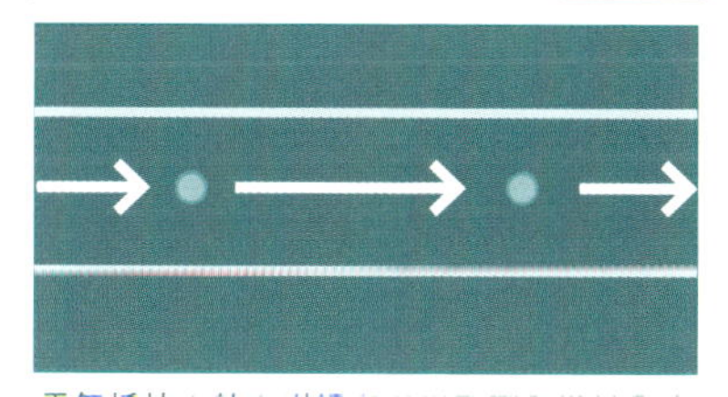

電気抵抗の熱や磁場などの影響を受けなくなる

常温超電導の研究も進んでいるので、いつかは極低温にしなくてもよくなる日が来るかもしれません。

量子コンピューター用のメモリがない理由

量子状態を維持する時間のことを「コヒーレンス時間」といいます。現時点の技術ではコヒーレンス時間はほんの一瞬です。量子コンピューターの種類によって大きく異なりますが、百マイクロ秒とか1ミリ秒で争っているレベルです。
そのため、メモリに相当する量子状態を記憶する装置も存在しません。量子状態が保たれる一瞬の間に、すべての演算を行って測定する必要があります。現在の量子コンピューターは、従来式コンピューターのような普通のメモリからデータを読み出し、演算を行い、測定結果を再度従来式のメモリに書き込んでいます。メモリに書き込むデータは、量子性のない普通の「0」と「1」です。

コヒーレンス時間も少しずつ伸びています。量子メモリが実現する可能性もゼロではありません。

量子ビットで演算を行う

QPUの中には操作する対象である「量子ビット」という量子状態を保つ部分があります。具体的にどう操作するかというと、図表16-5のようにこの量子ビットに対し、外部から微弱なマイクロ波を当てて量子状態を変化させます。以降で少しずつ説明していきますが、量子コンピューターが演算を行う仕組みはこれだけです。量子ビットが多いほど複雑な演算が行えるようになります。そのため、QPU内の量子ビットを増やす研究が続けられています。

▶ 量子ビットの構造 図表16-5

マイクロ波によって電荷を変え、量子状態を操作する
配線
量子ビットを操作するマイクロ波
1つの量子ビット

量子ビットにマイクロ波を当てて演算する

QPUが計算した結果を測定するには

量子ビットの一端には「読み出し装置」が付けられており、別の端から測定用の信号を当てて測定します（図表16-6）。測定すると量子状態が壊れるので、それ以上は計算を続けられません。

▶ 量子ビットと読み出し装置 図表16-6

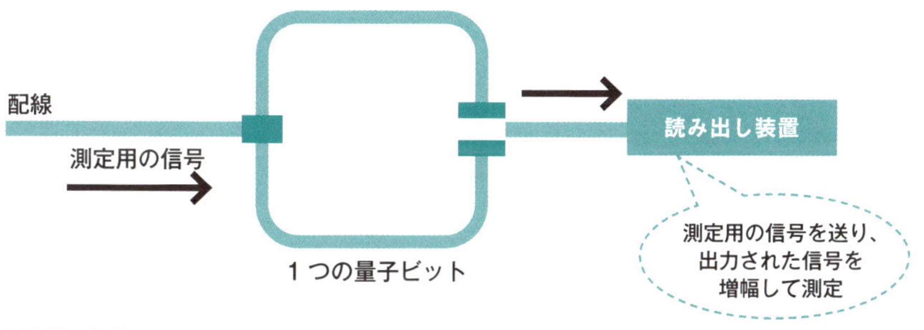

測定用の信号を量子ビットに当てて、結果を読み取る

QPUの中の量子ビットを「卵」にたとえると……

難しい話が続いたのでここでたとえ話をしましょう。図表16-7のように「量子ビット」を「卵」だとイメージしてください。「卵」の中身を直接操作することはできません。外部からさまざまな音楽をタイミングを変えながら聞かせて、「卵」の中身の状態を変化させます。操作が終わったら、「卵」からかえったヒナが雄か雌かを観測します。量子コンピューターによる計算もだいたいそんな感じです。なぜそれでさまざまな問題の答えが得られるのかを以降で探っていきましょう。

▶ 量子ビットを卵にたとえたイメージ 図表16-7

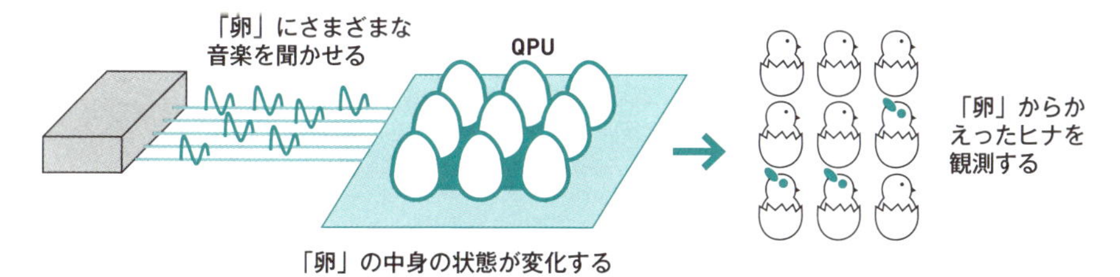

「卵」に音楽を聞かせて、かえったヒナを観察する

Lesson 17 [ビットの基礎]

コンピューターの情報単位「ビット」を理解しよう

このレッスンのポイント

コンピューターでは「ビット」という単位で情報を扱います。量子コンピューターでもそれは同じなので、ビットの理解は欠かせません。このレッスンではビットと、ビットで表す2進数について解説します。

コンピューターはすべての情報をビットで扱う

コンピューターで扱うさまざまなデータは、すべて「0」と「1」でできています。この0と1で表す情報の単位を「ビット」（bit）といいます。従来式コンピューターの場合は、CPUなどの回路内を流れている電気の電圧が切り替わり、それが0と1を表します（図表17-1）。また、メモリにデータを記憶するときは、キャパシタ（コンデンサ）という素子に電気が蓄えられているかどうかで0と1を表します。現在のコンピューターの回路では主に半導体が使われますが、大昔のコンピューターではリレー（電磁石スイッチ）や真空管が使われていました。重要なのはハードウェアの構造ではなく、数値も文章も画像もすべて0と1で表すという点です。

▶ビットとは 図表17-1

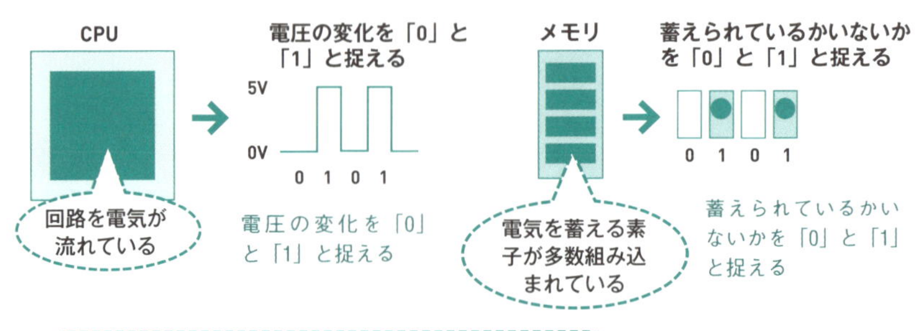

量子コンピューターでも、最終的な結果は0と1で表すデータになります。ですからビットの理解は欠かせません。

コンピューターが画像や音を扱う仕組み

現在のコンピューターは数値、テキスト、画像、音楽などさまざまなデータを扱えますが、それと0と1はどういう関係があるのでしょうか？　まずは単純な白と黒だけで表す画像で考えてみましょう。図表17-2のように画像を小さな点の集まりと考えて、白く塗る部分を0、黒く塗る部分を1で表します。テキストや音楽、カラー画像の場合は途中にデータを数値化する手間が加わります（図表17-3）。テキストの場合は「hなら104」「eなら101」といった具合に文字1つ1つに数値（文字コード）を割り当て、数値の集まりとします。これを「2進数」というものに変換すると、0と1で表せるデータになります。同様に音楽の場合は音の振動の大きさ、カラー画像の場合は光の強さを数値化し、2進数に変換します。

▶ 画像を0と1で表す 図表17-2

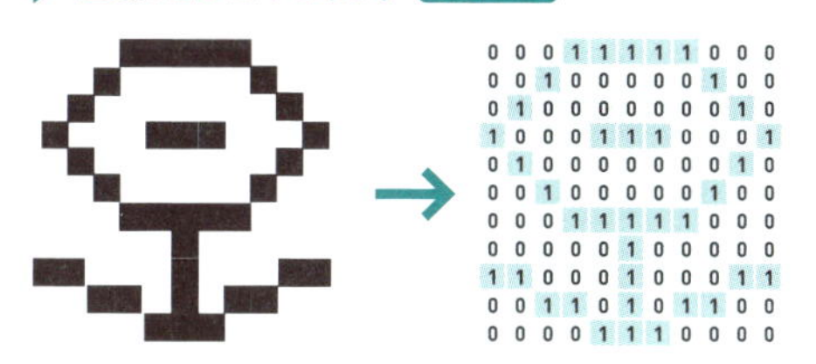

▶ テキストや音楽は数値の集まりにしてから0と1で表す 図表17-3

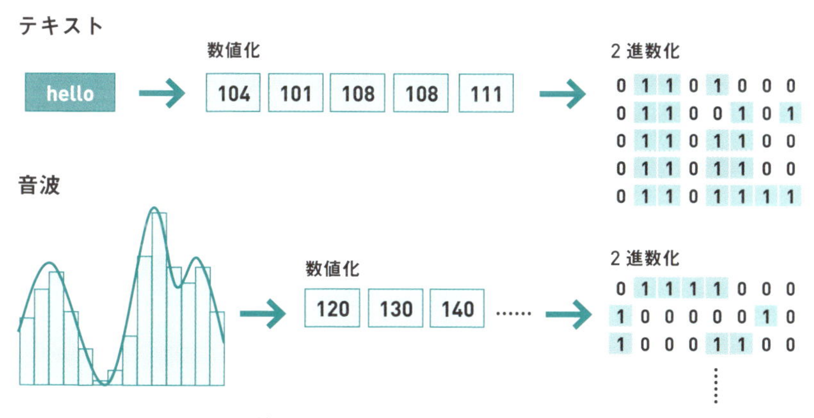

コンピューターではすべての情報を0と1のビットで表す

2進数と10進数

図表17-4を見ながら2進数について掘り下げていきましょう。2進数とは、0と1だけで表す数値のことです。私たちが日常的に使っている10進数と同じく、数値の表現の1つです。10進数では0から1ずつ増えていって、9のあとで1桁増えて10になります。10で桁が上がるので10進数と呼ぶのですね。それに対し、2進数では「0」「1」の次はすぐに桁が上がって「10」になります。これは10進数では2に相当します。このレッスンのテーマの「ビット」とは、2進数1桁分の情報のことです。ビットが増えるほど表せる数が増えます。2ビットであれば「00」「01」「10」「11」の4通りの数値が表せます。3ビットであれば「000」「001」「010」「011」「100」「101」「110」「111」と8通りとなります。

▶0と1だけで数を表す2進数 図表17-4

	2進数	10進数
	0 0 0 0	……0
	0 0 0 1	……1
桁上がり	0 0 1 0	……2
	0 0 1 1	……3
桁上がり	0 1 0 0	……4
	0 1 0 1	……5
	0 1 1 0	……6
	0 1 1 1	……7
桁上がり	1 0 0 0	……8
	1 0 0 1	……9
	1 0 1 0	……10

2進数は、2、4、8……と桁が上がっていく

人間の感覚からすると10進数のほうが簡単ですが、2進数のほうがシンプルな回路で実現できるのでコンピューターに向いています。

ビット数が大きいほど、一度に大きな数値を扱える

よく32ビットCPUや64ビットCPUという言葉を聞きますが、これはCPUが一度に扱えるデータのサイズを表しています（図表17-5）。32ビットCPUの場合、一度に扱えるデータの最大値は約42億になります（図表17-6）。

たとえば10万＋10万という計算を行う場合を考えてみましょう、32ビット以上のCPUなら1回の計算で済みますが、16ビットCPUは約6万5千、8ビットCPUでは255が最大値です。そのため、16ビットCPUでは2回、8ビットCPUでは4回の計算が必要になります。

ビット数は水をくむバケツのサイズのようなものです。大きなバケツを使えば少ない回数で多くの水をくみ出せます。同じようにビット数が大きいコンピューターを使えば、少ない回数で大きな計算ができるのです。

▶ ○○ビットCPUが意味すること 図表17-5

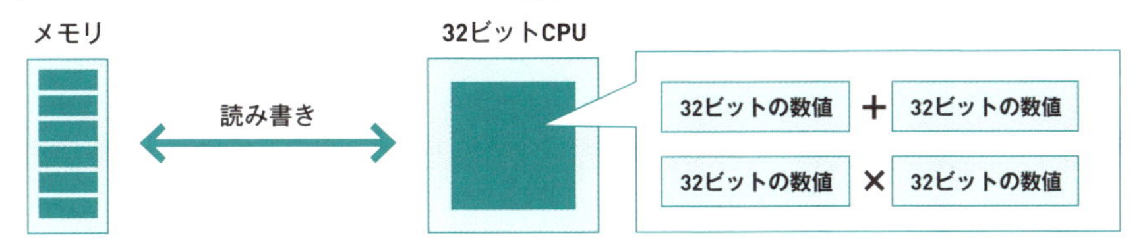

一度に32ビットのデータを読み書きし、一度に32ビット単位で計算できる

▶ それぞれのビット数で表せる数値の範囲 図表17-6

8ビットの場合

1 1 1 1 1 1 1 1 ……0～255

16ビットの場合

1 1 1 1 1 1 1 1 1 1 1 1 1 1 1 1

……0～65,535

32ビットの場合

1 1 1 1 1 1 1 1 1 1 1 1 1 1 1 1 1 1 1 1 1 1 1 1 1 1 1 1 1 1 1 1

……0～4,294,967,295

64ビットの場合

1 1 1 1 1 1 1 1 1 1 1 1 1 1 1 1 1 1 1 1 1 1 1 1 1 1 1 1 1 1 1 1
1 1 1 1 1 1 1 1 1 1 1 1 1 1 1 1 1 1 1 1 1 1 1 1 1 1 1 1 1 1 1 1

……0～18,446,744,073,709,551,615

ビットが増えるほど大きな数を扱える

Lesson 18 ［従来式コンピューターの演算］

演算の仕組みを理解しよう

このレッスンのポイント

従来のコンピューターと量子コンピューターでは基本的な演算の仕方が異なります。量子コンピューターの仕組みを理解するうえでも、まずは従来のコンピューターにおける基本的な演算の仕組みを理解しておきましょう。

演算とは何か

レッスン15でコンピューターの5大機能というものを挙げましたが、CPUは「演算装置」と「制御装置」を備えており、QPUは「演算装置」のみを持ちます。では、両者に共通する「演算」とは何でしょうか。演算というのは、非常に簡単にいってしまえば、加算、減算といった四則演算を含む計算のことです。ただし、コンピューターの四則演算を行う回路は、図表18-1のように論理演算というものの回路を組み合わせて作られます。そのためコンピューターにおいては、演算は「四則演算」と「論理演算」を合わせたものとされます。

ちなみにQPUが持っていない「制御装置」とは、順次処理や条件分岐や繰り返しといったプログラムの流れを制御するものです。量子コンピューターは関係しないので、本書では詳細の解説は省きます。

▶ 四則演算、論理演算の基本例 図表18-1

四則演算

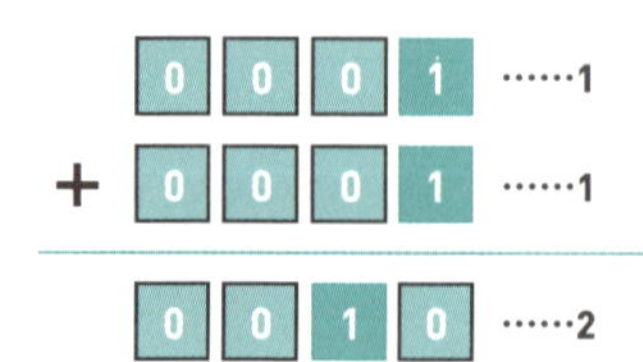

四則演算は一般的な計算と変わらない

論理演算

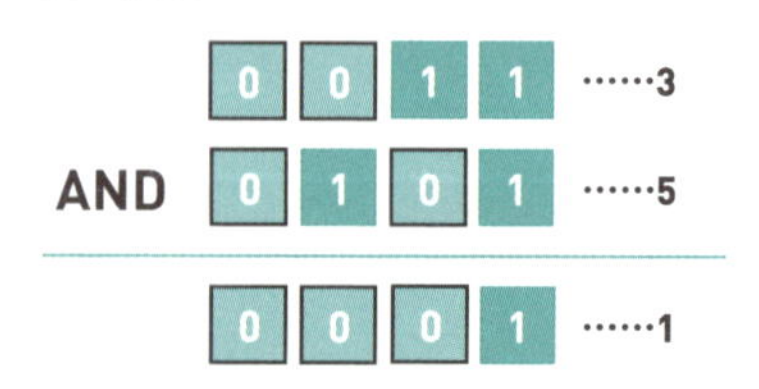

論理演算の一種であるAND演算では、対応するビット（ここでは上下に並んだビット）が両方とも1のときだけ1になる

論理演算を行う回路

演算装置の基礎となる論理回路について図表18-2を用いてもう少し詳しく説明しましょう。回路というのは「電気が流れる道（路）」を意味しますが、流れる方向が決まっており、「入力」と「出力」があります。そして入力に応じて、特定のロジック（論理）に従った出力をするものを論理回路といいます。

論理回路には基本的な3つの種類があります。「AND」（アンド）、「OR」（オア）、「NOT」（ノット）です。そのほかに「XOR」（エックスオア）などの回路も使われます。

AND回路の場合は「1」と「1」が入力されたときのみ「1」を出力し、それ以外は「0」を出力します。OR回路の場合は入力のどちらかが「1」のときに「1」を出力し、入力が両方とも「0」のときのみ「0」を出力します。

▶ 基本の論理回路 図表18-2

AND 回路

入力が両方とも1のとき1を出力する

A	B	X
0	0	0
1	0	0
0	1	0
1	1	1

OR 回路

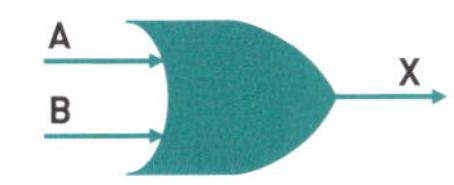

入力のどちらかが1のとき1を出力する

A	B	X
0	0	0
1	0	1
0	1	1
1	1	1

NOT 回路

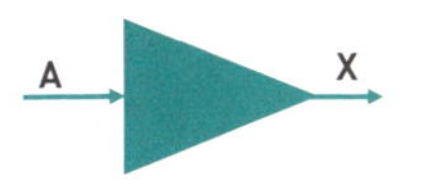

入力を反転させて出力する

A	X
0	1
1	0

XOR 回路

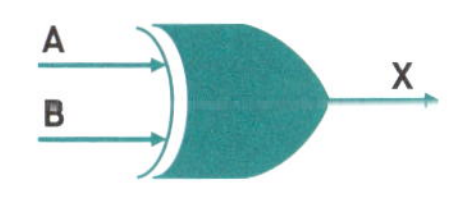

入力が両方とも同じときに0、違うときに1を出力する

A	B	X
0	0	0
1	0	1
0	1	1
1	1	0

論理回路は人間でいえば脳細胞のようなものです。複数が組み合わせられて1つの装置として働きます。

NEXT PAGE →

演算装置で足し算を行う

四則演算の回路は基本的な論理回路の組み合わせで作られます。例として足し算を行う回路を図表18-3に挙げました。足し算の回路は、ひと桁分の足し算を行う「加算器」を複数組み合わせて作ります。8ビットの数値同士の足し算を行う場合は、加算器が8個必要ということです。

加算器には「半加算器」と「全加算器」の2種類があり、下位からの桁上がりに対応するかどうかが異なります。たとえば2進数で「0」と「1」を足した場合は桁上がりは発生しませんが、「1」と「1」を足した場合は「10」(10進数の2)になるので、次の桁の計算を行う加算器は桁上がりの分も含めて足し算しなければいけません。それを行うのが全加算器です。

整理すると、一番下の位だけが半加算器を使用し、それ以外の位は全加算器を使用します。

▶ 足し算を行う回路の動作イメージ 図表18-3

C：桁上がり（Carry）
S：和（Sum）

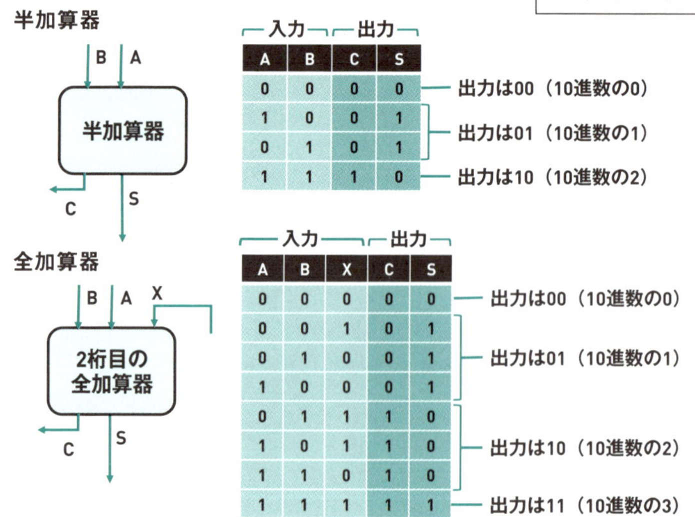

半加算器

入力		出力		
A	B	C	S	
0	0	0	0	出力は00（10進数の0）
1	0	0	1	出力は01（10進数の1）
0	1	0	1	
1	1	1	0	出力は10（10進数の2）

全加算器

入力			出力		
A	B	X	C	S	
0	0	0	0	0	出力は00（10進数の0）
0	0	1	0	1	出力は01（10進数の1）
0	1	0	0	1	
1	0	0	0	1	
0	1	1	1	0	出力は10（10進数の2）
1	0	1	1	0	
1	1	0	1	0	
1	1	1	1	1	出力は11（10進数の3）

全加算器は、下位からの桁上がり（X）を含めた足し算を行う

加算器の出力をよく見ると、入力された1の合計を2進数で表していることがわかります。

足し算を行う流れを見てみよう

3ビット同士の足し算を行う回路を例に、どのように計算するかの流れを見てみましょう（図表18-4）。3ビットの足し算を行うには、半加算器1つと全加算器2つを組み合わせ、桁上がりの出力Cを全加算器の入力Xにつなぎます。この状態で各桁のAとBに足したい数値のビットを1桁ずつ入力します。例として「3+2」という計算を行う場合、 各加算器のAに「011」、Bに「010」 を入力します。計算は最下位ビットから順番に行われていきます。最下位の半加算器で「1+1→01」という計算が行われ、桁上がりの出力Cは、2桁目の全加算器のXに渡されます。続いて「0+1+1→10」、「1+0+0→01」という結果が出力され、すべての出力Sを合わせると、「101」(10進数の5) が出力されます。

▶「3+2=5」を計算する 図表18-4

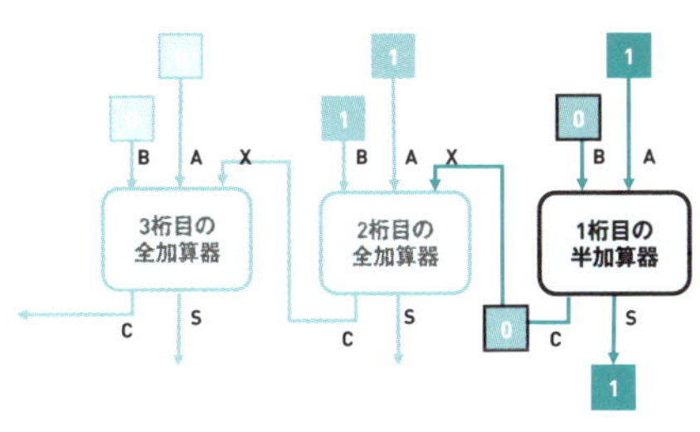

❶1桁目は「1+0」なので結果は「Cが0 、Sが1」

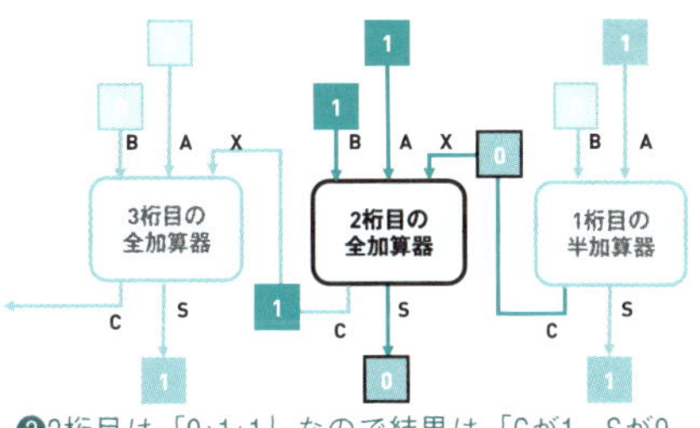

❷2桁目は「0+1+1」なので結果は「Cが1、Sが0

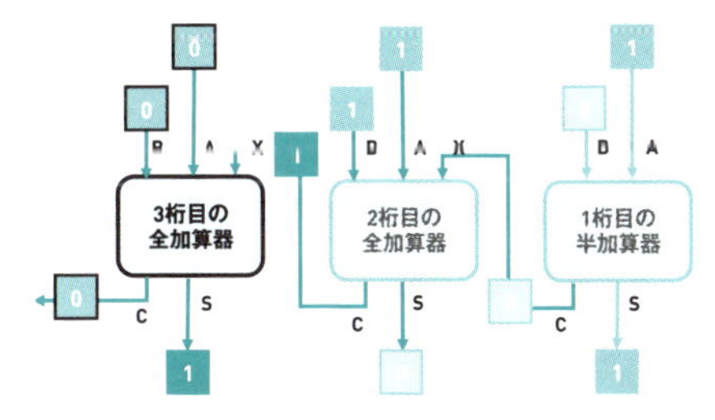

❸3桁目は「1+0+0」なので結果は「Cが0、Sは1」

ひと桁ずつ順番に計算されていきます。入力と出力の流れを追いかけて見ていきましょう。

足し算を行うのに必要な回路

構造がシンプルな半加算器を例に考えてみましょう。半加算器は下位からの桁上がりに対応しないので、入力が2つ、出力が2つとなります。回路を作るにあたって必要な考え方は、先に図表18-3で示した半加算器と同様の結果を出す論理回路がないか探してみることです。半加算器の出力Sと出力Cを分けて見てみると、それぞれにXOR回路とAND回路の結果が一致します。そこから、図表18-5のようにXOR回路とAND回路を組み合わせればよいというアイデアが導き出されます。回線は複数に分岐できるので、XOR回路とAND回路の両方に入力Aと入力Bを接続します。2つの論理回路の出力を合わせると、足し算が行われます。このように四則演算は複数の論理回路を組み合わせて実現されています。

▶ XOR回路とAND回路を組み合わせた足し算回路（半加算器） 図表18-5

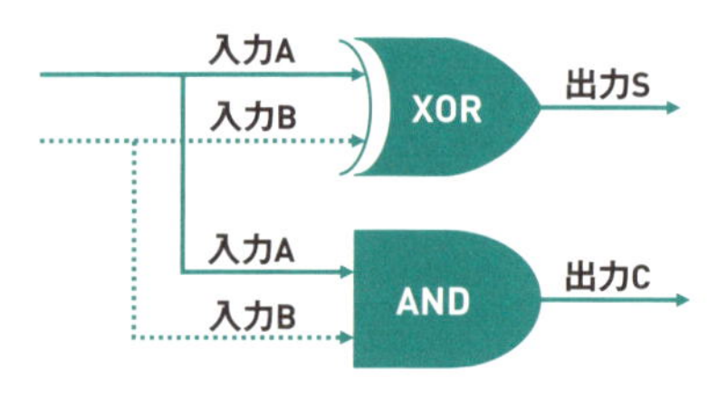

入力を分岐して2つの論理回路に送る

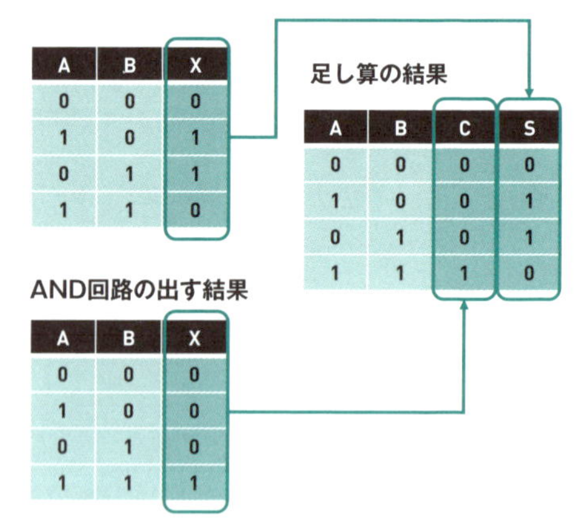

A	B	X
0	0	0
1	0	1
0	1	1
1	1	0

足し算の結果

A	B	C	S
0	0	0	0
1	0	0	1
0	1	0	1
1	1	1	0

AND回路の出す結果

A	B	X
0	0	0
1	0	0
0	1	0
1	1	1

2つの論理回路の出力を組み合わせると足し算の結果になっている

従来式コンピューターの演算装置の仕組みを踏まえて、次のレッスン19から量子コンピューターの演算装置を見ていきましょう。回路を組み合わせるという点では共通していますが、その実体はかなり異なります。

ワンポイント　量子コンピューターにもコンパイラが必要？

量子コンピューターのプログラミングでは、QPU内の量子ビットへの操作を記述していきます。これは初期の従来式コンピューターのプログラミングと同じレベルといわれています。従来式コンピューターでもCPUレベルで見ると、マシン語と呼ばれる数値だけで構成される命令を使い、CPU内の各回路に対して指示を出していきます。
従来式コンピューターが登場した頃は、プログラマーもマシン語でプログラムを書いていました。しかし、現在のプログラマーの多くは、マシン語ではなくPythonやC言語などの高級言語を使ってプログラミングしています。高級言語は（マシン語に比べれば）人間の言語に近いもので、「この数式を計算しろ」「ファイルを保存しろ」「画像を画面に表示しろ」といった高レベルの指示を書くことができます。
最終的にはコンパイラなどのプログラムが高級言語をマシン語に翻訳しCPUに指示を伝えるのですが、プログラマーがCPU内部の回路などを意識する必要はほとんどありません。コンパイラが効率よく動くように最適化してくれるのです。
量子コンピューターでも、専用の高級言語やコンパイラを研究している人がいます。いずれは、QPUなどのハードウェア部分をさほど意識しなくても、プログラムを書けるようになるかもしれません。

▶ プログラミングの方式が違う 図表18-6

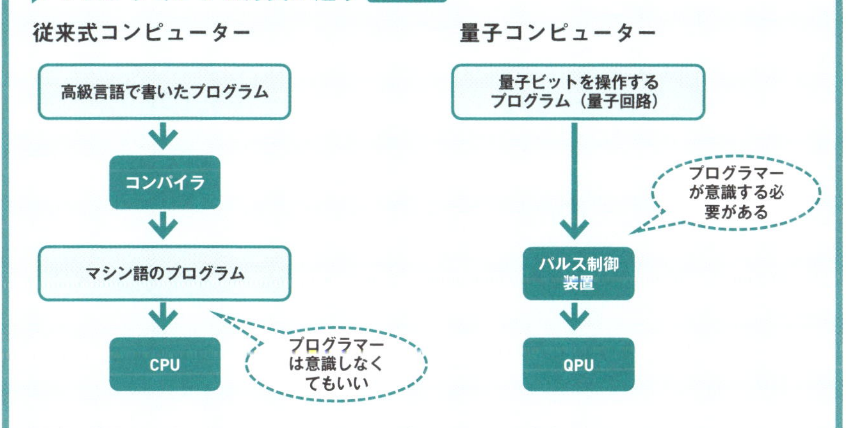

現状、量子コンピューターにはコンパイラに当たるものは一般的ではない

Lesson [量子ビット]

19 量子コンピューターの計算単位「量子ビット」

このレッスンのポイント

従来のコンピューターにおける演算は、ビットという単位で行います。それに対し量子コンピューターでは「量子ビット」という単位を用います。第2章で学んだ量子力学の基本を思い出しながら読み進めてください。

古典ビットと量子ビットの違い

量子ビットは量子コンピューターで利用される情報の最小単位のことです。それと区別するために、従来式のコンピューターで使われるビットのことを「古典ビット」と呼びます。量子ビットは「状態ベクトル」と呼ばれるベクトルで表現されます（図表19-1）。ベクトルは向きを表し、「0」と「1」以外にその間の多様な状態を持ちます。

古典ビットの「0」と「1」は確定したものです。それに対して量子ビットの場合は状態ベクトルによって「0」となるのか「1」となるのか確率が変わり、測定するたびに「0」と「1」のどちらが出るかが変わります。ベクトルは専門的には数学の行列を使って表現しますが、本書では視覚的に理解しやすくするために、第2章で紹介したブロッホ球を使用して説明します。

▶ 古典ビットと量子ビット 図表19-1

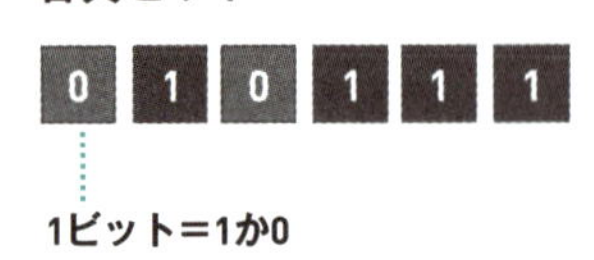

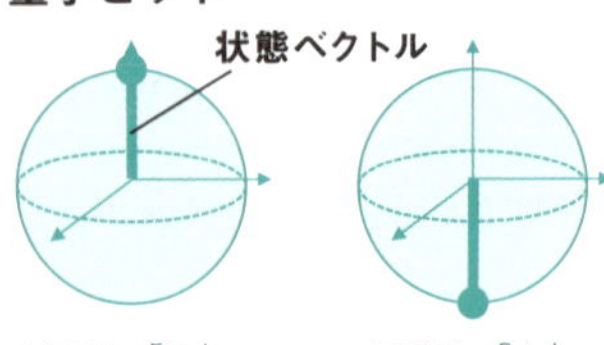

量子ビットの操作を表す「量子回路」

量子コンピューターでも論理回路に相当する「量子回路」があります。しかし、これは電流などが流れるものという意味での回路ではありません。

量子回路の図は五線譜に似ており、量子ビットに対して行う操作とタイミングを表した模式図となっています（図表19-2）。具体的には、量子回路図に従ってパルス制御装置がQPU内の特定の量子ビットにマイクロ波を送り、量子状態を変化させていきます。最終的に測定を行うと、確定した「0」と「1」が得られます。

▶ 量子回路の図は量子ビットの操作を表している 図表19-2

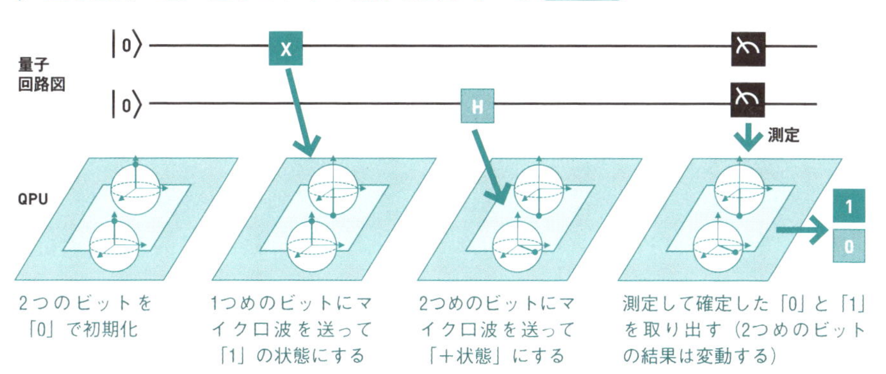

「X」や「H」といった記号の意味はこのあとのレッスンで解説します。

ワンポイント 量子回路図に欠かせない「ブラケット記法」

ブラケット記法は、量子の状態を数式で表す記法の1つです。よく使われるのが、観測結果が100%「0」になる|0⟩と、100%「1」になる|1⟩です。

▶ ブラケット記法 図表19-3

$|0\rangle$

100%「0」になる状態

$|1\rangle$

100%「1」になる状態

Lesson 20 ［計算手順］

量子コンピューターでの計算の流れ

このレッスンのポイント

量子コンピューターの計算は、「初期化」「演算」「測定」の3ステップで行われます。演算は、量子回路という一種のプログラムに従って実行されます。演算によって量子ビットの状態が変化し、最後に測定すると結果が得られます。

量子ビットの計算手順は大きく分けて3ステップ

量子情報の計算手順は、図表20-1で表したように大きく分けて「①初期化」「②演算」「③測定」の3ステップで行われます。「①初期化」では、各量子ビットの状態を0（測定時に100%「0」を返す）にします。次の「②演算」では「量子ゲート」（レッスン21参照）と呼ばれる演算を適用します。具体的には各量子ビットにマイクロ波を送って状態を変化させます。量子ゲートにはいくつかの種類があり、組み合わせることでさまざまな量子計算を行います。最後のステップは「③測定」です。量子計算の途中過程では量子状態と呼ばれる特殊な状態が保たれています。その量子状態を破り、計算結果を取り出すことで計算が終わります。

▶ 量子回路図と3つのステップ 図表20-1

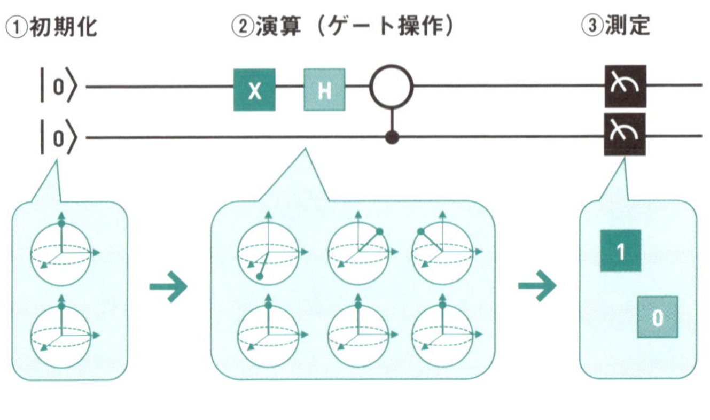

従来式コンピューターの演算装置との考え方の違い

ここまでの話を踏まえて、従来式コンピューターの演算装置との違いを再確認してみましょう。従来式コンピューターの演算装置やその中の論理回路は、CPUの中に実在するものです。非常に小さいので指で触れることはできませんが、半導体素子の組み合わせとして、実際に存在しています。

それに対し量子コンピューターのQPUの中に実在するのは量子ビットだけで、量子ゲートは存在しません。量子回路上の量子ゲートは、量子ビットに対する操作を表す仮想的なものです。

また、CPU内の論理回路は製造後に組み替えることはできません。あらかじめ加算や乗算などを行う回路が作られており、プログラムの指示によってどの回路を使用するかが切り替わります。それに対して量子回路の量子ゲートは仮想的なものなので、自由に組み替えられます。つまり量子回路はプログラムなのです。

▶ 量子回路図とQPUの関係 図表20-2

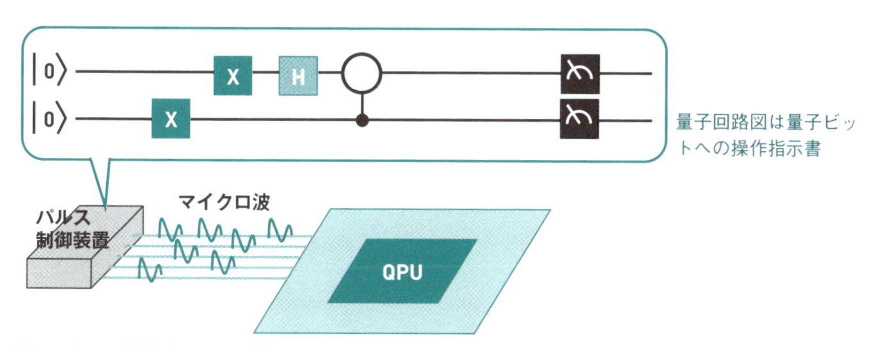

QPUの中には量子ビットと配線しかない

ワンポイント 量子回路に与えるデータを準備するには

コンピューターで演算を行う場合、計算を行うための初期値が必要になります。初期化の段階ですべての量子ビットが0の状態になっているので、量子ゲートを利用して必要に応じて状態を1（測定時に100%「1」を返す）に設定します。 つまり、 初期値の設定も図表20-1の「②演算」の一部といえます。

Lesson 21 [量子ゲート]

基本的な量子ビット操作を行う量子ゲート

このレッスンのポイント

量子コンピューターで演算を行うには、「量子ゲート」を組み合わせて量子回路図を作成します。まずは量子ゲートを使って、量子ビットを0から1にしたり、重ね合わせ状態にしたりする方法を解説します。

量子ゲートは量子ビットを操作する

量子ゲートは量子コンピューターにおける論理回路のことで、演算の要です。量子ゲートを大量に組み合わせてプログラミングを行い、アルゴリズムやアプリケーションを構築します。量子ゲートにはいくつか種類があります。単体の量子ビットに作用する「1量子ビットゲート」と、複数の量子ビットに関わる操作を行う「2量子ビットゲート」や「3量子ビットゲート」があります（図表21-1）。

▶ 量子ゲートを表す記号 図表21-1

パウリゲート

X　Y　Z

アダマールゲート

H　T

2 量子ビットゲート

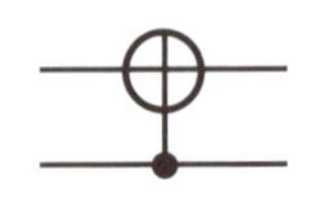

3 量子ビットゲート

これらの量子ゲートは、パルス制御装置から出るマイクロ波の種類を表す

横に伸びた五線譜のような線は量子ビットを表しています。

X、Y、Z軸で180度反転するパウリゲート

主要なゲートを順番に見ていきましょう。パウリゲートは状態ベクトルを軸に沿って180度反転する操作を行います。X、Y、Zの3種類があり、Xゲートは X軸周りで反転、YゲートはY軸周りで反転、ZゲートはZ軸周りで反転する操作に対応します（図表21-2）。

▶ 各軸で反転するパウリゲート 図表21-2

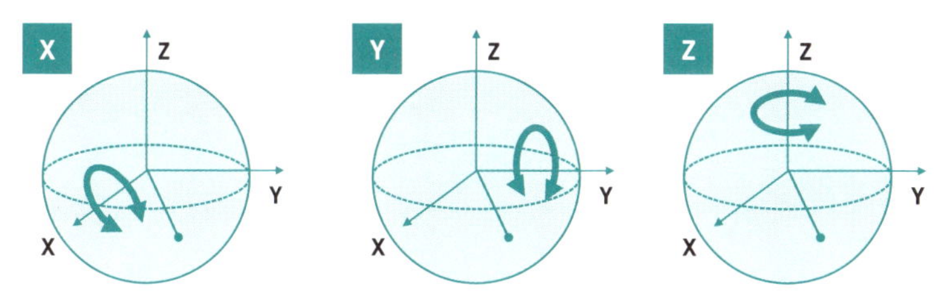

パウリゲートのX、Y、Zはブロッホ球のそれぞれの軸を表す

Xゲートで0を1にする

「軸に沿って反転する」ことが、演算とどう関係するのでしょうか。実際の使われ方を見てみましょう。たとえばXゲートは、量子ビットの0と1を切り替えるために使われます。図表21-3を見てください。初期化後の|0〉は、ブロッホ球で表すと状態ベクトルがZ軸に沿って真上を向いています。この状態でX軸に沿って180度反転すると、100%「1」が出る状態の|1〉になるのです。3つの量子ビットが「101」を表すようにしたい場合、Xゲートを2個使った量子回路を作ればよいことになります。

▶ Xゲートを利用して0を1にする 図表21-3

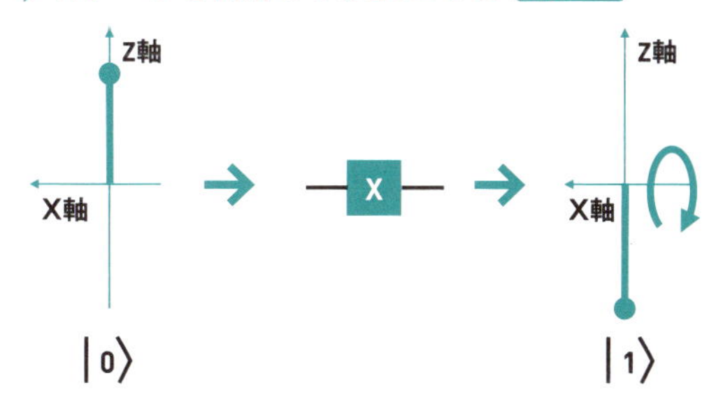

ブロッホ球のZ軸は量子性がない状態を表している。つまり、従来式コンピューターの0と1とまったく同じ

3軸の図だと難しく感じられるので、1軸で考えてみましょう。

Hゲートで量子ビットを重ね合わせ状態にする

Xゲートだけを使っていては、量子コンピューターでも従来式コンピューターと変わりません。ここにアダマールゲート（Hゲート）を組み合わせると、量子性を持った状態（重ね合わせ状態）にすることができます。Hゲートの働きは、ブロッホ球を斜めに横切る軸に沿って180度反転するというものです（図表21-4）。

▶ アダマールゲート(Hゲート) 図表21-4

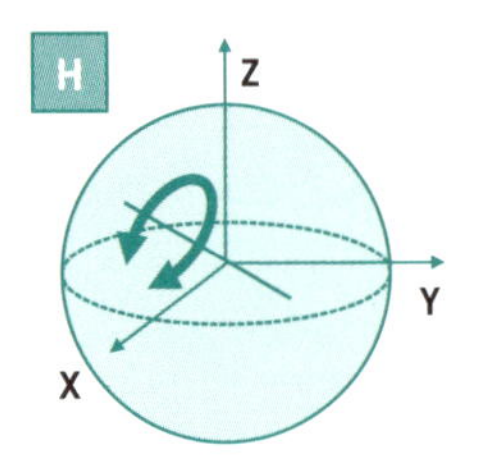

Hゲートを使うと重ね合わせ状態を生み出せる

アダマールのHは、フランスの数学者のアダマール（Hadamard）氏にちなんで命名されています。

0と1が50%の確率で出る状態を作り出せる

Hゲートは重ね合わせ状態を作り出すために使われます。たとえば初期化後のZ軸が真上を向いた状態（100%「0」が出る状態）に対し、Hゲートを適用すると、状態ベクトルはX軸に沿った状態になります（図表21-5）。これは第2章でも紹介した0と1が50%ずつ出る＋（プラス）状態です。これで初めて量子の性質を利用した演算ができるようになります。

▶ Hゲートを利用して＋状態にする 図表21-5

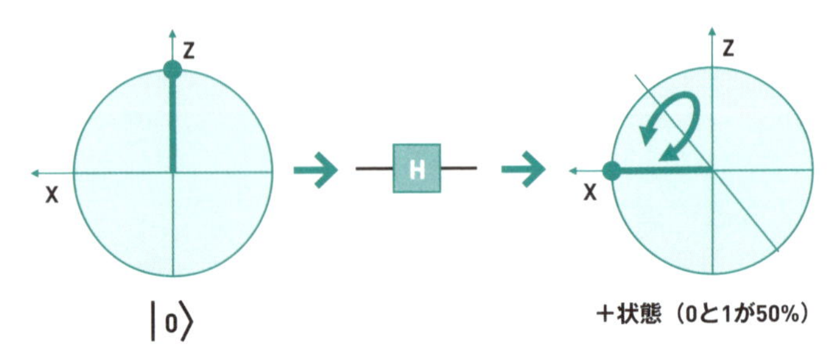

量子ビットを初期化してHゲートを適用すると＋状態になる

＋(プラス)状態の反対の－(マイナス)状態もある

Z軸が真下を向いた状態（100%「1」が出る状態）に対し、Hゲートを適用すると、図表21-6のようにやはり状態ベクトルがX軸に沿った状態になります。ただしベクトルの向きは逆になるため、「－（マイナス）状態」と呼びます。－状態でも0と1が50%ずつ出るという点は変わりません。ただし、量子ビットに対してさらに操作を行うと＋状態とは結果が変わってきます。

▶ Hゲートを利用して－状態にする 図表21-6

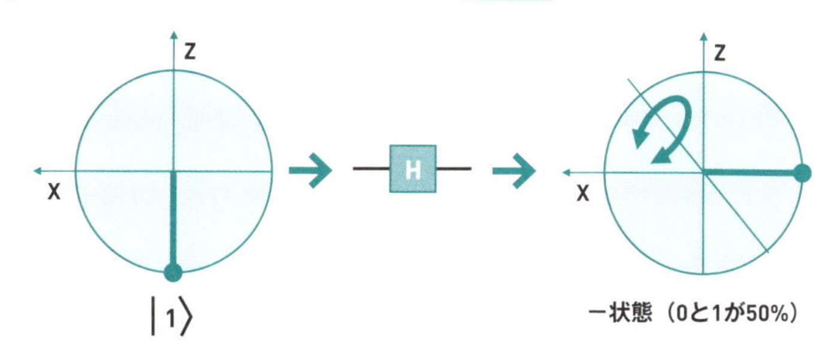

量子ビットを1にしてHゲートを適用すると－状態になる

Hゲートを2回適用すると重ね合わせが解除される

＋状態または－状態の量子ビットにさらにHゲートを適用すると、|0⟩ または|1⟩ に戻ります（図表21-7）。ブロッホ球を斜めに通過する軸に沿って180度反転するので元に戻るわけです。別のいい方をすると、重ね合わせ状態を解除しています。

▶ Hゲートを利用して|0⟩に戻す 図表21-7

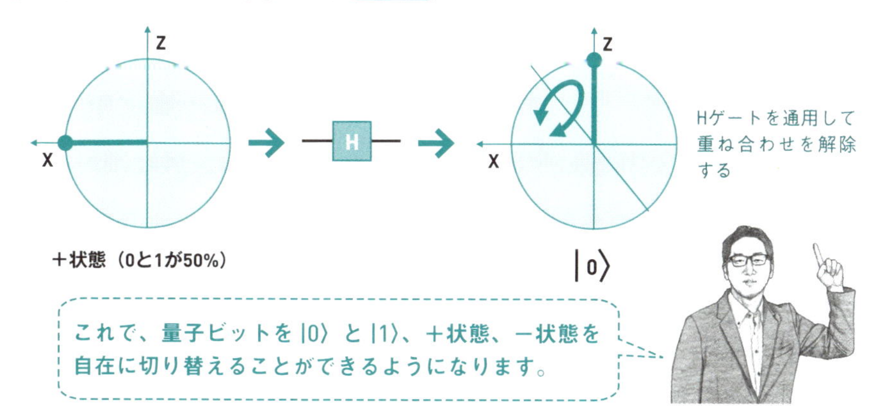

Lesson 22 [高度な量子ゲート]

少し高度な操作を行う量子ゲートを理解しよう

このレッスンのポイント

基本的な量子ビット操作に続いて、2量子ビットゲートやTゲートを紹介します。仕組みが少し複雑ですが、演算を行うためには、これらのゲートも組み合わせて使う必要があります。

2つの量子ビットを連動させるCNOTゲート

CNOT（シーノット）ゲートは2つの量子ビットの間に使う2量子ビットゲートの一種です。CNOTゲートはコントロールビットとターゲットビットの2つのゲートを使い、コントロールビットの値によって挙動が変わります。コントロールビットが1のときにだけ、ターゲットビットを反転させます。コントロールビットが0のときには何も操作をしません。この働きによって、2つの量子ビットを連動して操作することができるのです（図表22-1）。

▶ CNOTゲート 図表22-1

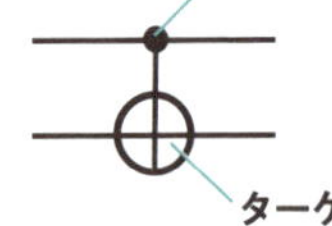

2量子ビットゲート。コントロールビットの状態に応じてターゲットビットで操作する

▶ CNOTゲートの挙動 図表22-2

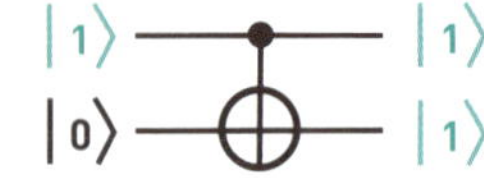

コントロールビットが1のときだけ反転する

第4章で説明しますが、CNOTゲートを使って量子もつれを引き起こすことができます。

Tゲートと$T^\dagger$ゲートは波動の計算に使う

Tゲートは図表22-3のようにZ軸周りの回転ゲートです。π/4で回転を行い、$T^\dagger$ゲートは逆方向の－π/4回転するというゲートです（†はダガーという記号)。πは180度を意味するのでπ/4は45度となります。これだけではXゲートやHゲートと大きな違いはないように思えますが、Z軸の回転は「波の位相」を意味します。この情報は波動（波の動き）を計算するときに利用できます。

▶ Tゲートと$T^\dagger$ゲート 図表22-3

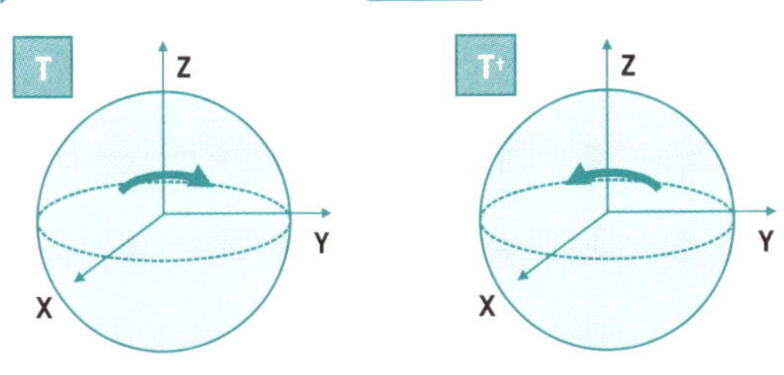

Tゲートと$T^\dagger$ゲートを適用するとZ軸で回転する

波動の計算も、従来式コンピューターでは計算に非常に時間がかかるものの1つです。

組み合わせて必要なゲートを作る

そのほかにも量子ゲートが考案されていますが、量子コンピューターによって標準で用意されている量子ゲートは異なります。必要な量子ゲートがない場合は、利用可能な量子ゲートを組み合わせて作ります。たとえば図表22-4は「トフォリゲート」と呼ばれる3量子ビットゲートですが、CNOTゲートやTゲートなどを組み合わせて作り出せます。

▶ 量子ゲートを組み合わせる 図表22-4

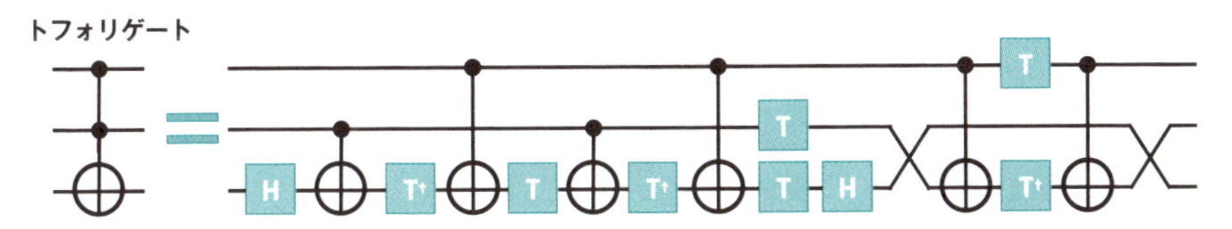

量子ゲートの組み合わせでトフォリゲートを作る

Lesson 23 ［量子計算の基礎］

量子コンピューターで足し算をする

このレッスンのポイント

量子回路の作り方をイメージするために、従来式コンピューターと同様の足し算を行う回路を見てみましょう。レッスン22で説明したCNOTゲートとトフォリゲートの組み合わせで作成できます。

基本の論理回路で足し算を実現する

量子コンピューターでも1+1の足し算を行うことができます。量子コンピューターが持つ「汎用性」という性質により、従来式コンピューターで行える操作を再現できるからです。

レッスン18で従来式コンピューターでの半加算器を紹介しましたが、ここでは例題として2つの量子ビット同士を足し算する回路を解説します（図表23-1）。0+0=0、0+1=1、1+0=1、1+1=2が実現できれば成功です。2進数で表現すれば0+0=00、0+1=01、1+0=01、1+1=10となります。

▶ 足し算の回路（半加算器）の完成イメージ 図表23-1

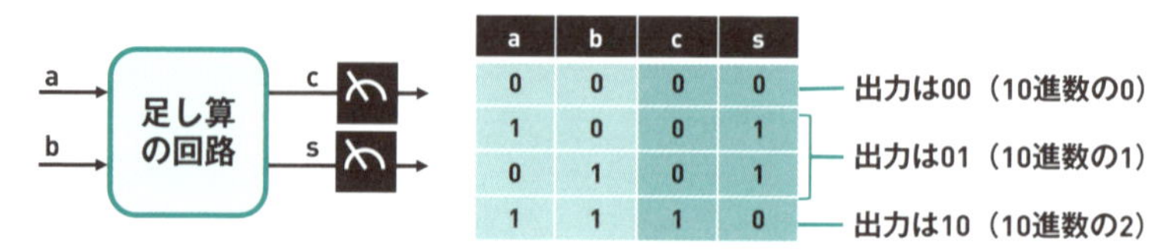

a	b	c	s	
0	0	0	0	出力は00（10進数の0）
1	0	0	1	出力は01（10進数の1）
0	1	0	1	
1	1	1	0	出力は10（10進数の2）

入力と出力だけを見れば、従来式コンピューターの半加算器とまったく同じ

やり方が違っていても、従来式コンピューターの加算器と同様の結果を出せれば、量子コンピューターで足し算できたことになります。

今回使用するゲートの働きを確認する

量子コンピューターの足し算で使用するのは「CNOTゲート」と「トフォリゲート」です。これらのゲートは「コントロールビット」と「ターゲットビット」を持ち、コントロールビットの状態に応じて、ターゲットビットの状態を変化させます。

CNOTゲートの場合はコントロールビットが1のときだけターゲットビットの量子ビットの値を反転させます（図表23-2）。トフォリゲートの場合はコントロールビットが2つあり、両方とも1のときだけ、ターゲットビットを反転させます（図表23-3）。

▶ CNOTゲート 図表23-2

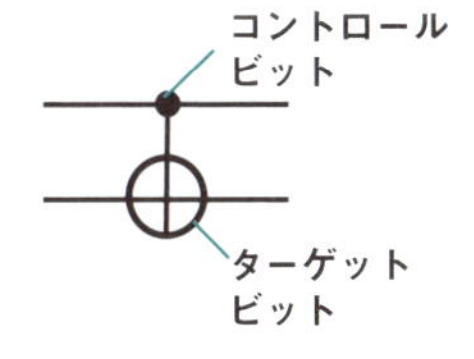

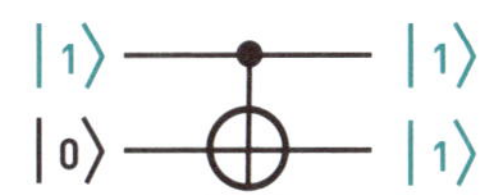

コントロールビットが1のときだけターゲットビットを反転する

▶ トフォリゲート 図表23-3

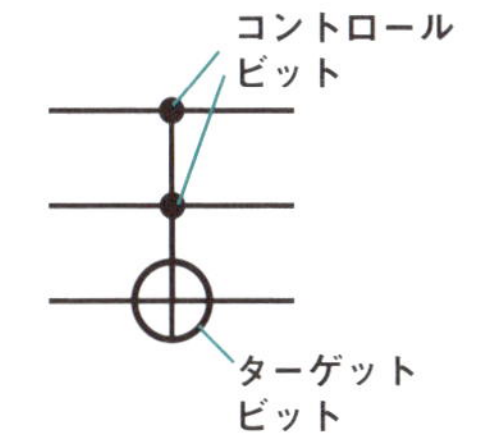

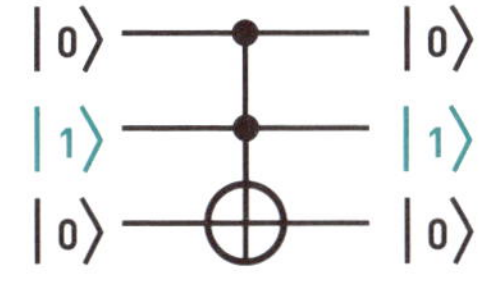

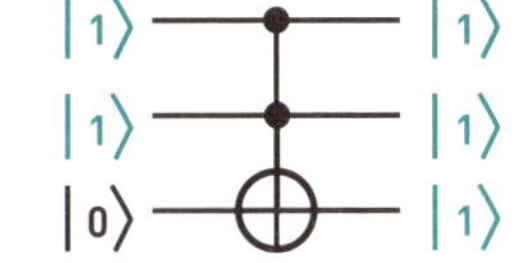

2つのコントロールビットが両方とも1のときだけターゲットビットを反転する

まずこれら2つのゲートの働きを頭に入れてから次に進んでください。

量子ゲートを組み合わせて足し算を実現する

足し算の回路は「最下位ビットの足し算（S）」と「2番目のビットの処理（桁上がりC）」の部分に分けられます。また、入力担当の量子ビットと出力担当の量子ビットに分かれるため、合わせて4つの量子ビットが必要です。まず完成の量子回路図を見てみましょう（図表23-4）。量子ビットはA、B、S、Cの4つを使用し、AとBに足す値、S、Cに答えの値が入ることとします。

ゲートの順番には意味がありません。CNOTゲートとトフォリゲートの順番をバラバラに入れ替えても同じように結果が出ます。

▶ CNOTゲートとトフォリゲートを組み合わせた足し算の回路 図表23-4

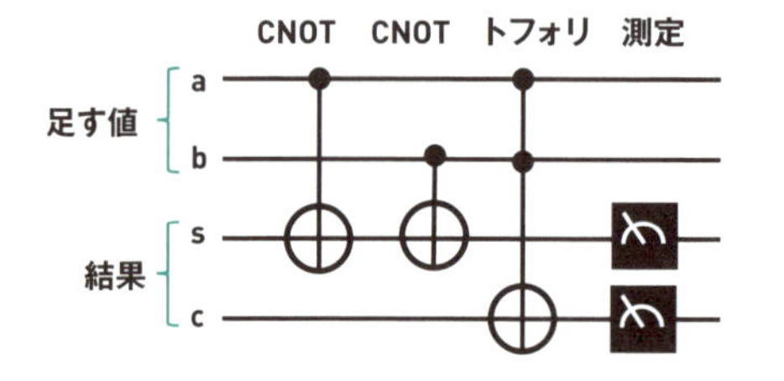

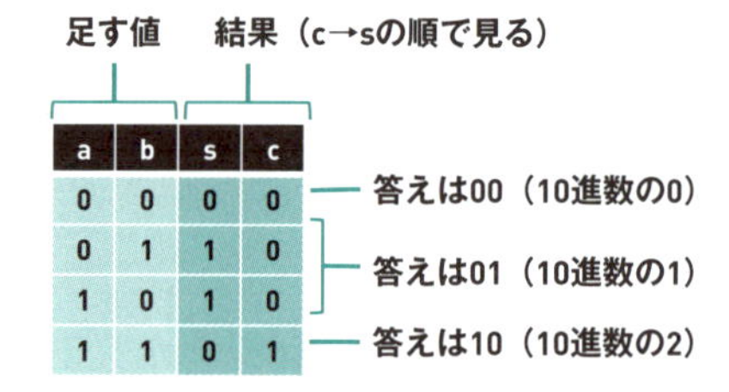

a	b	s	c	
0	0	0	0	答えは00（10進数の0）
0	1	1	0	答えは01（10進数の1）
1	0	1	0	答えは01（10進数の1）
1	1	0	1	答えは10（10進数の2）

AとBの出力は無視して、SとCを測定する

2番目のビットの処理(桁上がり)

桁上がりの処理は非常に簡単で、トフォリゲート1つで実現できます。桁が上がるのはAとBが両方とも1のときだけです。つまり図表23-5のようにAとBが両方とも1のときに、Cを1にすればよいわけです。これはトフォリゲートの働きそのままですね。

▶ 桁上がりの処理 図表23-5

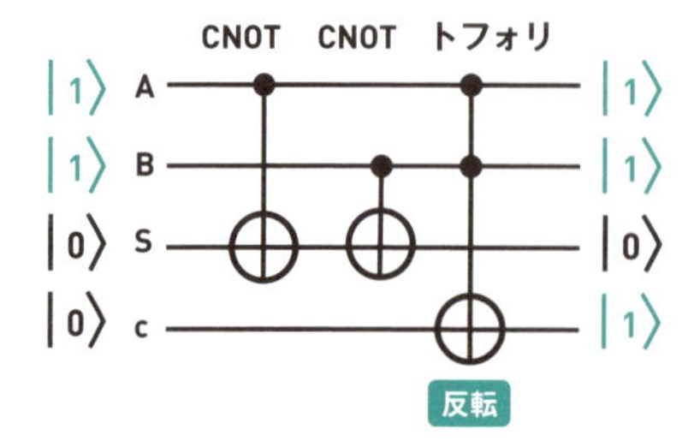

AとB両方とも1のときだけCが1になる

最下位ビットの足し算の処理

次は最下位ビットの足し算を見てみましょう。こちらはCNOTゲートを2つ使うので少しだけ複雑です。最下位ビットは「0+0」のときは0、「0+1」「1+0」の場合に1、「1+1」の場合は0になる必要があります。図表23-6を見ながら、量子ビットの変化を追いかけてみてください（「0+0」は何も量子ビットが変化しないだけなので省略しています）。2つのCNOTゲートは、AとBそれぞれにコントロールゲートを配置しています。そのため、AとBのどちらか一方だけが1の場合、一度の反転が起きてSは1になります。AとBの両方とも1の場合、2回反転するため、Sは0になります。

▶ 最下位ビットを求める仕組み 図表23-6

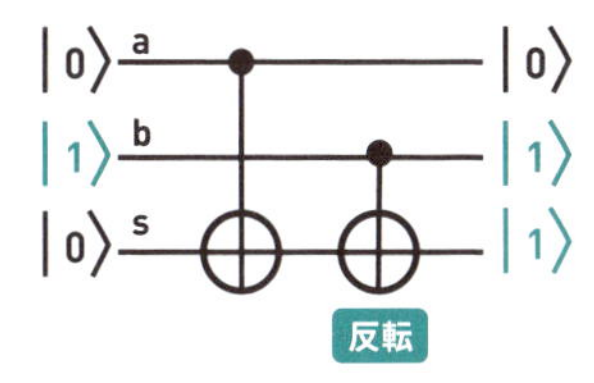

Bが1なので1回の反転でSは1になる

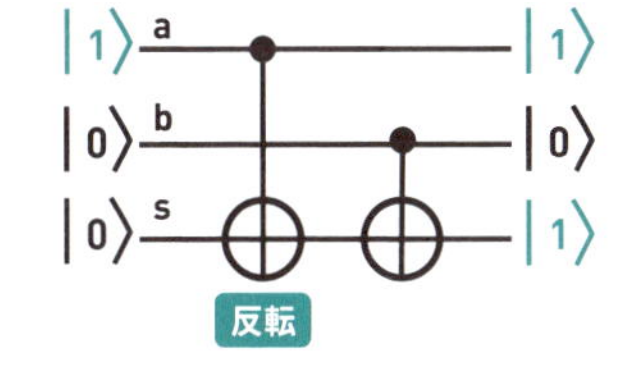

Aが1なので1回の反転でSは1になる

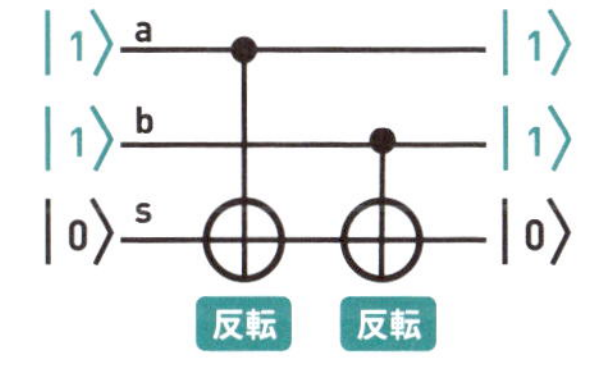

AとBの両方とも1なので2回の反転でSは0になる

従来式コンピューターの半加算器とは計算のやり方はかなり異なります。しかし出てくる答えは同じです。これが「量子コンピューターが汎用性を持つ」といわれる理由です。

Lesson 24 [測定]

量子ビットの結果の見方

このレッスンのポイント

従来式コンピューターのビットでは0と1は演算途中の状態そのままが結果となります。量子回路で演算を行って測定した結果も0か1のどちらかになるのは同じですが、状態ベクトルによって決まります。

状態ベクトルがZ軸上にあるとき

これまでにも何度か紹介してきましたが、状態ベクトルがZ軸の真上を向いている|0〉の状態では、何度測定しても結果は0になります。状態ベクトルがZ軸の真下を向いている|1〉の状態では、何度測定しても結果は1になります（図表24-1）。つまり、状態ベクトルがZ軸上にある限り、従来式コンピューターと同じように確実に0と1になります。第2章で量子コンピューターは測定するたびに結果が変わるといいましたが、重ね合わせ状態にならないよう注意して量子回路を作成し、最終的な状態が|0〉と|1〉になるようにすれば、結果が変わることもなくなるのです。

▶ 常に同じ結果が出る状態 図表24-1

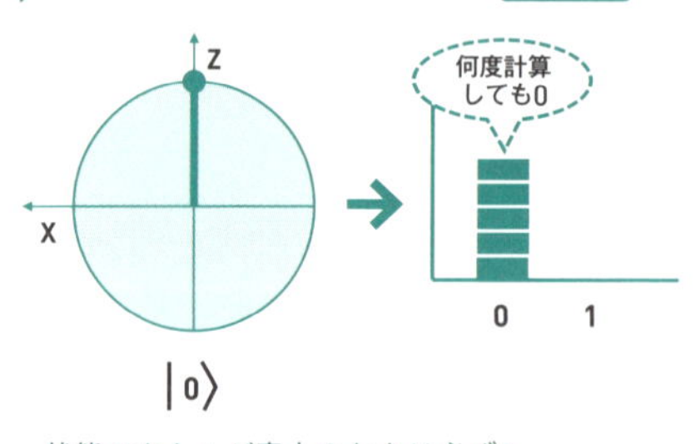

状態ベクトルが真上のときは必ず0

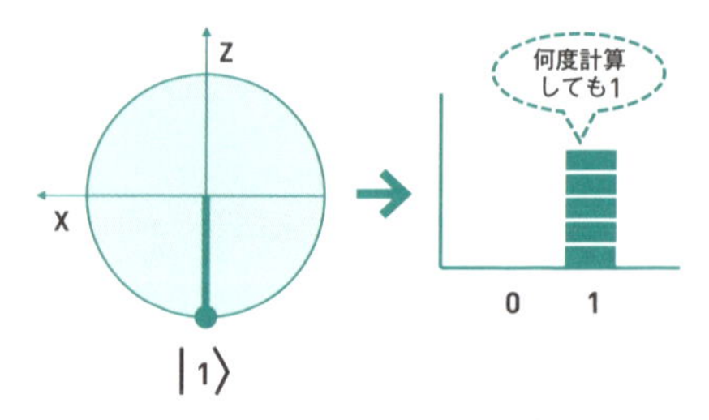

状態ベクトルが真下のときは必ず1

図でY軸に触れていないのは、Y軸は0と1が出る確率に関係しないからです。

状態ベクトルがX軸上にあるとき

状態ベクトルがX軸上にある状態を＋状態、または−状態と呼ぶのでしたね。この場合、図表24-2のように50%の確率で0か1が出ます。実際に量子コンピューターで演算したときは多少のバラツキは出ますが、試行回数を増やすほど50%に近づくことが確認できます。

▶0と1の出る確率が50% 図表24-2

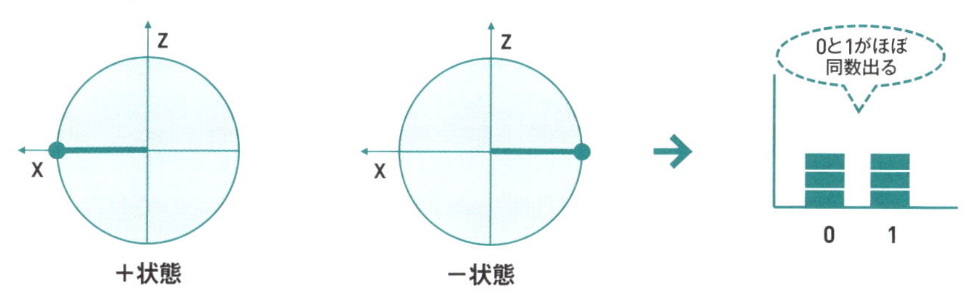

どちらの状態も0と1が同確率で出る

状態ベクトルが中途半端なところにあるとき

状態ベクトルがZ軸上でもX軸上でもない中途半端な位置にある場合、0と1の出る確率にはムラが出ます。真上に近いほど0の出る確率が上がり、真下に近いほど1の出る確率が上がります（図表24-3）。

▶状態ベクトルが中途半端な位置にある 図表24-3

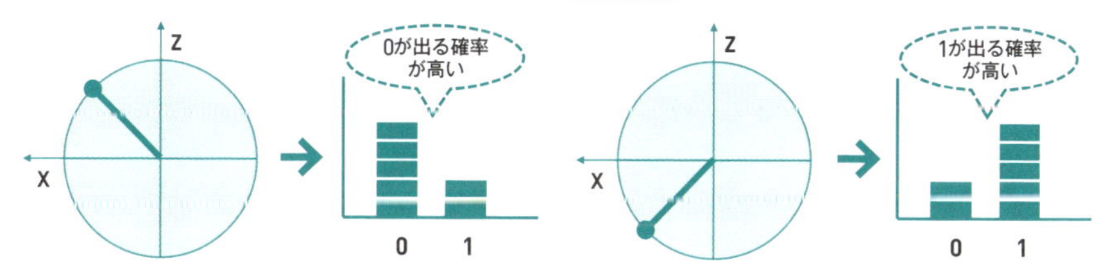

0と1の出る確率は上と下のどちらに近いかで変わる

量子ゲートの働きや結果の見方についての説明は以上です。しかし、これだけでは量子コンピューターの優れた部分はまだわかりません。次の第４章では、量子コンピューターの特性を活かした演算について説明していきましょう。

COLUMN

量子コンピューターにはさまざまな種類がある

第3章で紹介した、極低温による超電導で半導体内の量子状態を保ち、マイクロ波で操作するQPUは、量子コンピューターの一例でしかありません。第2章でも触れたように、量子には電子や光などさまざまな種類があります。また、量子状態を維持し、量子ビットを操作する方法も図表24-1のようなものが考案されています。

▶ 量子コンピューターの種類 図表24-4

量子コンピューターの種類	概要
超電導型量子ビット	超電導状態で回路に電流を流し、電荷で量子状態を表す。極低温が必要となるが、採用企業が多いために研究開発が進んでいる
イオントラップ型量子ビット	レーザーでイオンを補足し、励起させて量子状態を表す。ゲートの信頼性が高いが、多数のレーザー機器を必要とし、稼働が遅い
シリコン型量子ビット	シリコンに電子を挿入し、電磁波で量子状態を制御する。極低温を必要とし、量子もつれが作りにくいという弱点を持つ
トポロジカル量子ビット	準粒子を利用して量子状態を表す。現時点では技術的に確率されておらず理論上に留まる
ダイヤモンド欠損型量子ビット	電子を利用して量子状態を表す。常温で稼働するという長所を持つが、量子もつれが作りにくいという弱点を持つ

現在、量子コンピューターのアプリケーションの開発が急ピッチで行われている一方で、課題点も出てきています。それらの課題を解決する方法として、さまざまな方式の量子コンピューターで、どの種類の量子がアプリケーションに向いているのか、ハードウェア側からの検証も進んでいます。今後はどの方式が伸びるかはわかりませんが、日々新しいマシンが出現して開発競争が行われている状況です。

Chapter

4

量子アルゴリズムの仕組みを知ろう

量子コンピューターは、従来のコンピューターでは原理的な不可能な計算を行うために考案されました。「原理的に不可能」というのは、現実的な時間内に計算を終えるのが不可能という意味です。ここでは量子コンピューターの「高速性」を実現する量子アルゴリズムを紹介します。

Lesson 25 [汎用性、高速性]

量子コンピューターの2つの性質「汎用性」「高速性」

このレッスンのポイント

第3章では量子コンピューターの基本原理を説明しましたが、それは主に「汎用性」という従来式コンピューターと似た性質でした。第4章からは量子コンピューター独自の「高速性」について触れていきます。

「汎用性」=従来式コンピューター同様の演算

第3章で説明したように、量子コンピューターでも従来式コンピューターと同様の演算を行うことが可能です。これを量子コンピューターの「汎用性」といいます（図表25-1）。

具体的には、量子ビットの状態|0>と状態|1>しか使わずに演算することです。この場合、観測するたびに「0」か「1」が変わることはないので、従来式コンピューターで「0」と「1」を扱うのとまったく変わりません。同じ考え方で演算できて、同じように結果が出ます。

注意が必要なのは、従来式コンピューターと同様の演算を行っている限り、量子コンピューターを使っても高速化は望めないということです。むしろ、従来式コンピューターのほうがハードウェアがこなれている分、高速に結果を出すことができるでしょう。つまり、量子コンピューターを使う意味がほとんどなくなってしまいます。

▶量子コンピューター2つの性質 図表25-1

汎用性
従来式コンピューターと同じ演算

高速性
量子状態を活用した演算

従来式コンピューターと同様の演算処理では、特に演算が速くなるわけではない。量子コンピューターならではの特性を活かした演算方法が必要

「高速性」＝量子状態を活用した演算

量子コンピューターのもう一方の性質「高速性」とは、状態|0>と状態|1>以外の中間的な状態も用いて演算を行うことです。
従来式のコンピューターでは一度に行える演算は原則1つだけです。「0+0」と「1+1」を同時に行うことはできません。ところが量子コンピューターでは、0でもあり1でもある状態を利用して、「0+0」と「1+1」の両方の意味を持つ演算を行うことができます。ただしこれは並列演算とは異なります。結果として観測時に得られる答えは1つだけだからです。
この第4章では高速性を活かしたアルゴリズムを紹介していきますが、要するに従来式コンピューターとはまったく異なる考え方が必要となります。

レッスン１で説明したように、量子コンピューターはデータを「膨らませて」計算し、「絞り込んで」答えを得ることで高速化します。

原子や電子の計算も得意

従来式コンピューターが苦手とするものに、原子や電子などの計算があります。これらの計算の答えを従来式コンピューターで求めようとすると、数時間、数日、数年ととんでもない時間がかかってしまいます。ところがこれらの計算は量子コンピューターにとっては得意ジャンルです。原子や電子とは、すなわち量子のことなので、量子の性質を利用して計算する量子コンピューターにとっては馴染み深いものなのです。
また、古典ビットは0か1という情報しか持てませんが、量子ビットはX、Y、Zの3軸分の情報を持てます。これを利用して扱える情報量を大幅に増やすアイデアもあります。

「量子」コンピューターだから、量子の計算が得意なのです。

Lesson 26 [アルゴリズムの必要性]

アルゴリズムとは

このレッスンのポイント

量子アルゴリズムの説明に先立って、コンピューターにおけるアルゴリズムとは何かを知っておきましょう。アルゴリズムとは問題の解法のことで、従来式と量子式を問わず、コンピューターにとって欠かせないものです。

アルゴリズムとは？

何か問題が起きた場合、人はその問題の答えを探しますが、その問題の答えを効率的に求めるための手法を「アルゴリズム」と呼びます。アルゴリズムは、解を得るための具体的手順を与えます。たとえば図表26-1のようにある出発点からゴールまでの最短順路を探索するとします。単純に考えられる探索方法は、総当たりで全経路をたどっていき、最も短いものを探すというものでしょう。ただしこの方法では、ルートが複雑になるのに比例して爆発的に探索時間が長くなってしまいます。探索済みの経路を省くなどの工夫をすれば、探索時間を短くできるはずです。そのような工夫によって、アルゴリズム全体の効率は大きく変わってきます。

▶ 最短順路を探索するアルゴリズム 図表26-1

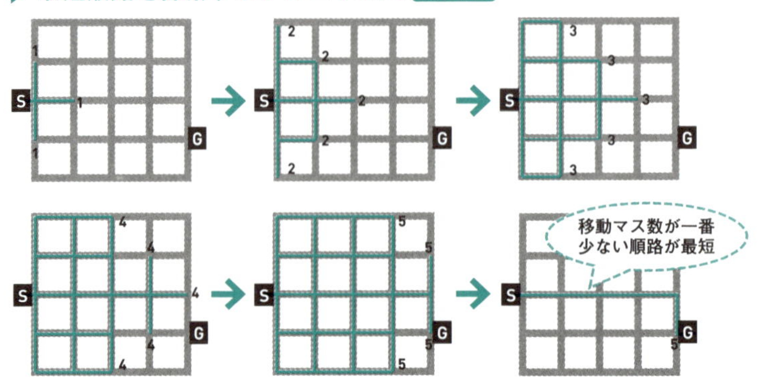

スタート（S）からゴール（G）まで何通りもの経路の中から最短経路を探す

アルゴリズムを使うと便利になる

アルゴリズムは同じ目的を達成するのにより効率的な方法を提示します(図表26-2)。私たちの生活の中でアルゴリズムが使われている例を挙げると、電車に乗って目的地に行く最短ルートを提示して時間とお金を節約したり、ほしい情報をウェブサイトに入力して最も自分のほしい情報に近いものを優先的に表示したりする際に、アルゴリズムが役立っています。また、ショッピングサイトで顧客に合わせたおすすめ商品を表示するのもアルゴリズムの働きです。

アルゴリズムはコンピューターで使われることが多い用語ですが、人間の営みすべてにアルゴリズムがあるともいえます。人間が手作業で行う仕事でも、より効率よく済ませようと工夫すれば、アルゴリズムを改良したことになります。

▶ 代表的なアルゴリズム 図表26-2

アルゴリズムの種類	概要
ソートアルゴリズム	データを昇順や降順に並べ替える
探索アルゴリズム	大量のデータの中から目的のデータを探す
データ圧縮アルゴリズム	データを小さく圧縮する
暗号アルゴリズム	データを解読できないよう暗号化する
組み合わせアルゴリズム	最適な組み合わせを見つける
計算アルゴリズム	さまざまな数学の問題を解く

量子コンピューターの性能を活かすアルゴリズム

第3章でも説明したように、量子コンピューターには「汎用性」があるので、従来式コンピューターのために作られたアルゴリズムを使用することも不可能ではありません。しかし、量子コンピューターに期待されているのは、その「高速性」を活かし、従来式コンピュータでは現実的な時間では解けない問題を高速に解くことです。

従来式コンピューターでは現実的な時間内で実行が不可能なアルゴリズムを利用することで、いままで以上に社会にインパクトと大きな利益を与えるアルゴリズムの登場が期待されています。

現在のところ、汎用性で勝負すると従来式コンピューターにはかないません。高速性を活かしたアルゴリズムが必要です。

Lesson 27 [アルゴリズムの基礎]

アルゴリズムの基礎と構成要素を理解しよう

このレッスンのポイント

アルゴリズムは基本的に量子ゲートの羅列で表現されます。それぞれのゲートの意味を理解しながら、特定の順番で並んだときにどのような意味を持つのかを確認しながらアルゴリズムを組み立てることになります。

量子アルゴリズムの概要

量子アルゴリズムも従来式コンピューターのアルゴリズムも、「何らかの問題を効率よく解決する」という目的は同じです。ただし、従来式コンピューターでは演算装置に加えて、メモリや制御装置なども活用できるのに対し、現時点の量子コンピューターには演算装置しかありません（図表27-1）。そのため、演算のみで完結するアルゴリズムを考案する必要があります。

▶ 量子アルゴリズムと従来式コンピューターのアルゴリズムの違い 図表27-1

従来式コンピューターのアルゴリズム

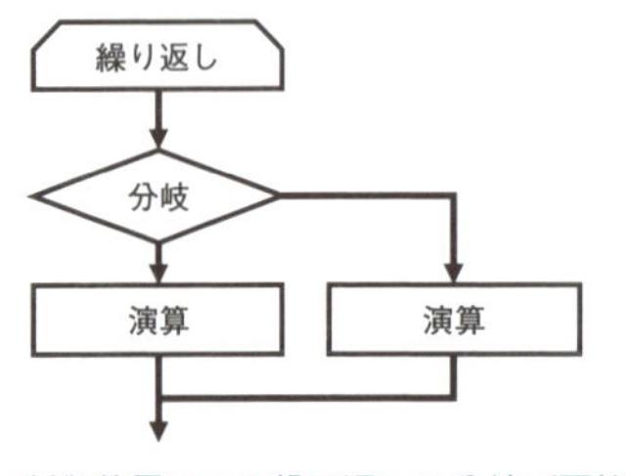

制御装置による繰り返しや分岐が可能

量子コンピューターのアルゴリズム

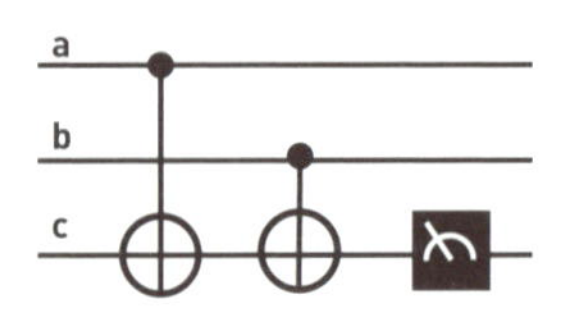

量子回路による演算のみで完結

従来式コンピューターのアルゴリズムをそのまま量子コンピューターで使うことはできません。単純に移植するだけでも工夫が必要です。

量子アルゴリズムの作り方

量子アルゴリズムは、第3章で紹介した量子ゲートを組み合わせた「量子回路」として表現されます（図表27-2）。基礎となるゲートの種類を覚えながら、ゲートをどの組み合わせや順番で使うとどのような機能を持たせられるのかを確認して組み立てます。さらに複数のアルゴリズムを組み合わせたりしながら複雑な回路や長い回路を組み立てることで、より複雑な問題を解くことができます。

▶ 量子ゲートを組み合わせて回路を作る例（グローバー） 図表27-2

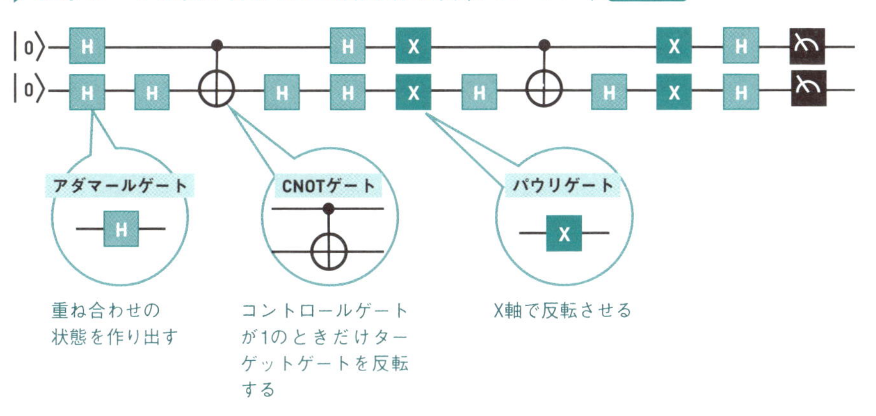

従来式コンピューターを組み合わせるハイブリッド型

近年、新しい量子コンピューターの使い方として、量子コンピューターの演算装置と従来式コンピューターを交互に利用するハイブリッド型が提案されています。ハイブリッド型では、従来式コンピューターで計算したのちに量子コンピューターで計算を行い、その演算結果を元に再度従来式コンピューターを活用するという順番で演算を進めます（図表27-3）。両者の得意分野を活かし、効率的なアルゴリズムが作成できると期待されています。

▶ ハイブリッド型 図表27-3

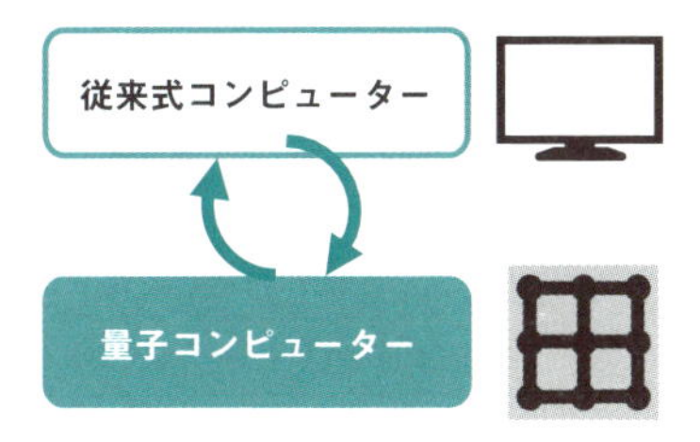

両者の特性を活かして答えを求める

量子アルゴリズムのタイプ

量子アルゴリズムは図表27-4のように分類できます。まずは「万能型」と「NISQ型」です。万能型はエラー訂正機能を持った理想的な量子コンピューターを前提としたものですが、現在のハードウェアでは正しい答えが得られません。それに対し、現在のハードウェアでも解が得られるよう工夫したものがNISQ型です。
また、計算方式によって、「位相推定型」と「グローバー型」に分けられます。位相推定型は、各種問題の「最小コスト」を求めるもので、ショア、VQE、QAOAが該当します。最小コストは量子コンピューターに関わる立場によって「最小エネルギー」や「行列の固有値」と表されることもあるのですが、いずれも目的を達成するために必要となる一番少ない数値を意味します。たいていの問題は当然ながら最小のコストで処理できたほうがよいわけなので、これが問題の解となります。
もう1つはグローバー型で、計算を繰り返すことで従来型のコンピューターより高速に結果を出すというものです。

▶ 代表的な量子アルゴリズムとその目的 図表27-4

大分類	万能型		NISQ型	
計算方式	グローバー型	位相推定型	位相推定型	位相推定型
アルゴリズム	グローバーのアルゴリズム	ショアのアルゴリズム	VQEアルゴリズム	QAOAアルゴリズム
目的	データを検索する	素因数分解を解く	ある数式の最小コストを求める	組み合わせ最適化問題を解く
用途	データベース検索処理の高速化	暗号解読	量子化学計算	さまざまな組み合わせ問題の解決

量子アルゴリズムは万能型とNISQ型に分けられ、さらにグローバー型と位相推定型に分けられる。グローバー型にはグローバーのアルゴリズムしかないが、位相推定型にはショア、VQE、QAOAといったアルゴリズムがある

日々新しい分類のアルゴリズムが開発されています。

アルゴリズムには工夫が必要

同じアルゴリズムや機能を実現したい場合でも、実装は1つではなくさまざまなものがあります。また、現状の量子コンピューターでは量子状態を維持できる時間が数百マイクロ秒程度なので、量子回路があまりに長いと実行しきれない恐れがあります。そのため、自分がほしい計算結果に応じて、回路を長くしたり短くしたりといった工夫が必要です(図表27-5)。問題の難易度によっても結果は変わってくるので、どのように調整すればよい答えが出るのかというのも大事なポイントです。答えは1つではないので、実現したい用途に合わせて調整するなど、自分の使いやすいアルゴリズムを開発することで業務のよりよい効率化をはかることができます。

▶ 回路を長くする／短くする工夫 図表27-5

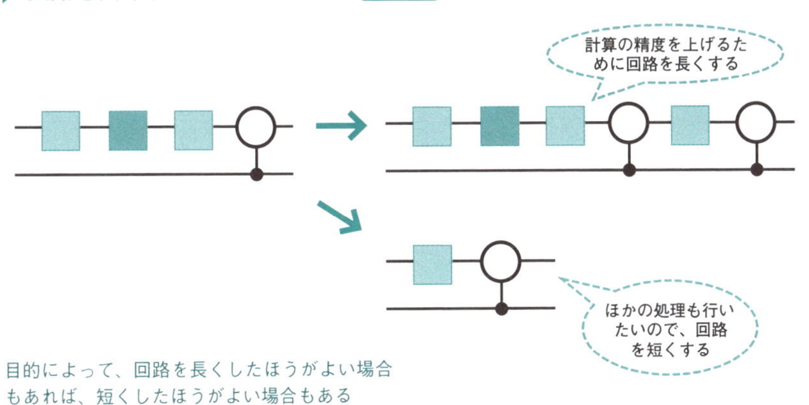

目的によって、回路を長くしたほうがよい場合もあれば、短くしたほうがよい場合もある

ワンポイント 現在の量子コンピューター＝NISQ

量子コンピューターの演算中にはさまざまなノイズが発生し、回路が長いほど演算結果へのノイズの影響が大きくなります。
ただし、現在の量子コンピューターには、ノイズの影響を除去するエラー訂正機能がありません。エラー訂正機能を持たない量子コンピューターのことを、NISQ（Noisy Intermediate-Scale Quantum Computer）と呼びます。エラー訂正機能の研究は現在も進められており、真の量子コンピューターの登場が期待されています。

Lesson 28 [量子アルゴリズム①]

「量子の重ね合わせ」で複数のデータを同時に表す

このレッスンのポイント

「量子の重ね合わせ」は量子の最も基本的な原理で、複数の値を同時に表した状態を持つことができます。それだけでは意味を持ちませんが、工夫することによって、大量の並列演算と同等の結果を得られます。

量子の重ね合わせとアダマールゲート

「量子の重ね合わせ」とは、0と1の状態が重なった状態です。量子アルゴリズムにおいて最も基本的な機能の1つで、量子を用いた演算ではたびたび利用します。量子の重ね合わせを実現する量子回路は非常にシンプルです。アダマールゲートを適用すると、それだけで重ね合わせが実現できます（図表28-1）。

アダマールゲートによって重ね合わせを実現すると、量子ビットは＋状態となり、測定結果は0と1が50%の確率で出現するようになります。つまり、100回計算を行うと、測定結果は多少のブレはあるとしても、おおむね0が50回、1が50回になるということです。

▶アダマールゲートによる量子の重ね合わせ 図表28-1

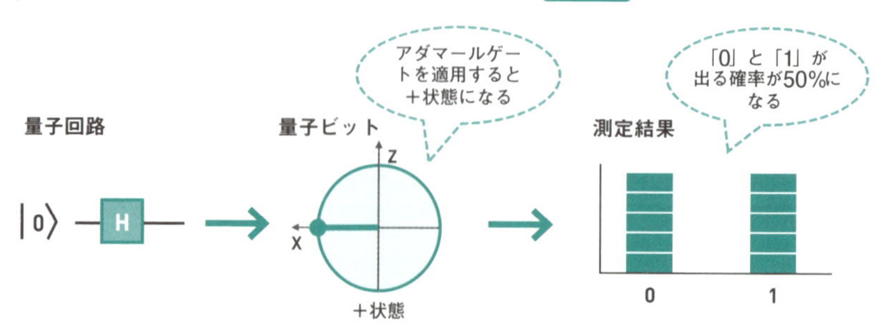

アダマールゲートを適用したときに限らず、状態ベクトルが真上か真下以外を向いている状態なら、量子が重ね合わせられているといえる

複数の量子ビットで重ね合わせを利用する

複数の量子ビットを利用する場合で考えてみましょう。たとえば3量子ビットあれば、2進数で000（10進数の0）～111（10進数の7）の8つの状態が表せます。ここでアダマールゲートを用いて量子ビットを＋状態にすると、それぞれの量子ビットが50%の確率で0か1になるようになり、000～111が同じ確率で測定されるようになります（図表28-2）。

図表28-3のように3量子ビット同士で足し算などの四則演算をした場合を考えてみましょう。その場合は000～111のいずれか同士の計算結果が求められることになります。それは1+2かもしれませんし、4+3かもしれませんがどれか1つの答えが求められます。四則演算だとあまりメリットがないのですが、これが高速性の基礎になる原理です。

▶ 3量子ビットで表現する重ね合わせ状態 図表28-2

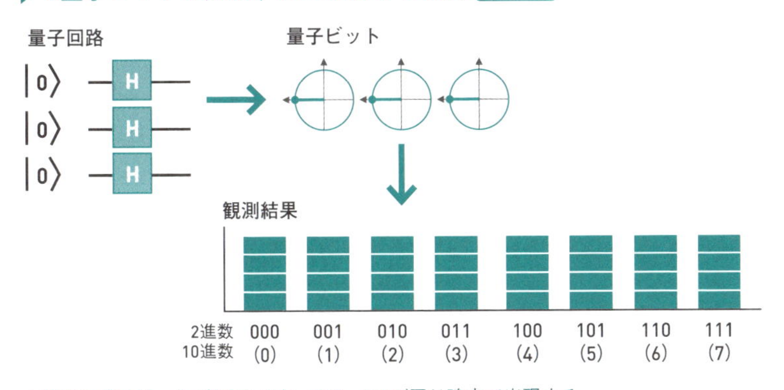

＋状態の量子ビットが3つあると、000～111が同じ確率で出現する

▶ 仮に3量子ビット2組で四則演算をすると…… 図表28-3

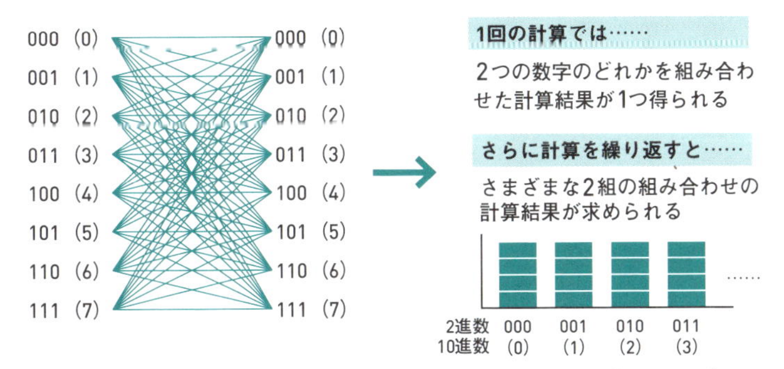

1回の計算では1つの答えが得られるが、複数回計算するとさまざまな組み合わせの答えが得られる

Lesson [量子アルゴリズム②]

29 「量子のもつれ」で結果を絞り込む

このレッスンのポイント

量子のもつれは2つ以上の量子ビットを関連づける原理です。量子テレポーテーションとして説明されることが多いのですが、演算の結果を絞り込むといった基本的な処理にも用いられます。

量子のもつれとは？

量子もつれを引き起こすと、片方の量子ビットを操作したときに、もう片方に瞬時に影響が出るようになります。量子をもつれさせる量子回路で最もシンプルなのは、アダマールゲートとCNOTゲートを組み合わせたものです（図表29-1）。CNOTゲートはコントロールビットが0であれば何もせず、1であればビットの状態を反転します。そのため、コントロールビットが0のときは初期状態の0のままになるので、2量子ビットの測定結果は00になります。コントロールビットが1のときは初期状態の0を反転させるため、計測結果は11になります。01や10という答えはまったく出ません。これが量子もつれが起きた状態です。

▶ アダマールゲートとCNOTゲートによる量子もつれ 図表29-1

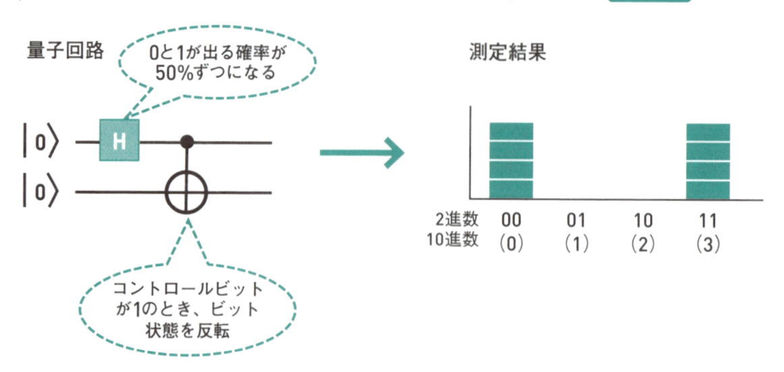

Hゲートで重ね合わせ状態にしてCNOTゲートでもつれさせると00と11のどちらかしか出なくなる

量子もつれによって結果を絞り込める

3つ以上の量子ビットでも量子もつれを引き起こせます。図表29-2は3量子ビットで量子もつれを引き起こす回路で、この回路がもたらすものを専門的にはGHZ（グリーンバーガー＝ホーン＝ツァイリンガー）状態といいます。3量子ビットで単に重ね合わせた場合、測定結果は000（10進数の0）～111（10進数の7）のいずれかが出ますが、図表29-2の回路の結果は000（10進数の0）と111（10進数の7）のどちらかになります。つまり、結果を絞り込めるのです。

▶ 3量子ビットによる量子もつれ（GHZ）図表29-2

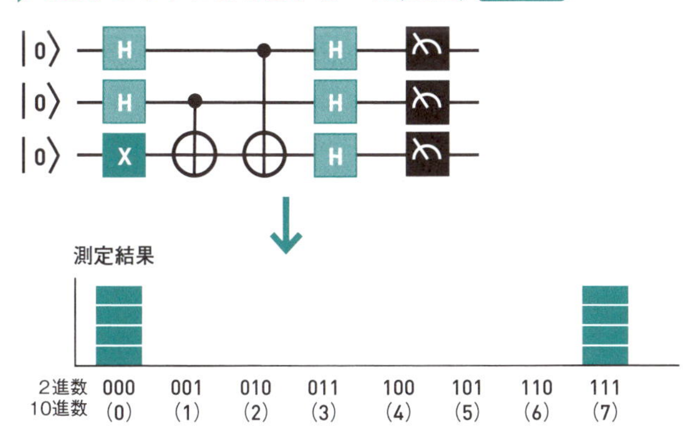

3量子ビットの量子もつれによって000と111のどちらかに答えを絞り込む

結果を絞り込むことに何のメリットがあるのか？

ここまで読んで、結果が絞り込まれることはわかるが、そこに何の意味があるのかわからないと感じる人も多いと思います。では逆に、絞り込めない場合のデメリットを考えてみましょう。

絞り込めない場合、000（10進数の0）と111（10進数の7）だけで演算したくても、そこに001（10進数の0）～110（10進数の6）という状態も混ざり込んでしまいます。一度の測定では1つの答えしか得られないので、試行回数を増やさないと望む結果が得られません。必要な数値のみに絞り込めば、演算の試行回数を減らせるのです。

量子もつれも基本原理の１つなので、結果の絞り込み以外にもさまざまな目的で使われます。

Lesson 30 [量子アルゴリズム③]

データを検索するグローバーのアルゴリズム

このレッスンのポイント

グローバーのアルゴリズムは主に無秩序なデータの中から検索によって特定のデータを取り出すために使用されます。既存のコンピュータよりも速く検索を行えることで知られています。

グローバーのアルゴリズムとは？

グローバーのアルゴリズムは、ある目的のデータを効率的に探すためのアルゴリズムで、1996年にロブ・グローバーによって開発されました。たとえば整理整頓されていない電話帳の中から特定の番号を探すなどの用途に使用されます。

グローバーのアルゴリズムでは、量子の重ね合わせを利用した処理を行います。まずすべてのデータを重ね合わせの状態にして、次に求めたいデータを探索するための回路を作り、特定のデータをマーキングします。目印がついたら、今度はすべての量子ビットに共通の操作をすることで、求めたいデータだけを浮かび上がらせるという操作をします。目印は量子状態で付くので、直接測定できません。そこで、その量子状態でついた目印を見えるようにするために、そのデータを浮かび上がらせる必要があります。図表30-1でイメージを確認してみましょう。

▶ グローバーのアルゴリズムの流れ 図表30-1

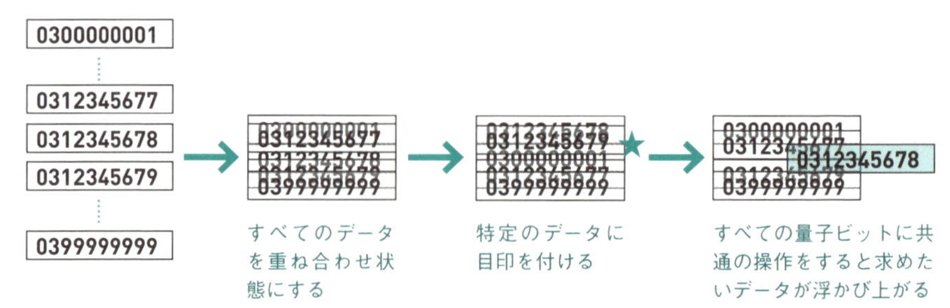

従来式コンピューターにおける検索処理とは

グローバーのアルゴリズムを見ていく前に、従来式コンピューターの検索処理はどのようなものかを考えてみましょう。非常に単純な方法としては、先頭から順番にデータを比較していく線形探索がありますが、データの数が増えるほど検索時間が長くなります。そのほかには、あらかじめデータを並べ替えておき中央値との比較で検索を効率化する2分探索、ハッシュ値という特殊な索引データを利用するハッシュテーブルなどがあります。しかしどの方法でも、データの数が増えるほど検索時間は長くなってしまいます。グローバーのアルゴリズムが注目を集める背景には、こうした従来式のコンピューターの検索処理における課題もあるのです。

従来式コンピューターに対するアドバンテージ

グローバーのアルゴリズムは、データ数をNとして√Nの計算量で探索が終了するといわれています。そのためデータが大きいほどデータの探索時間が大幅に節約できるのです。従来のコンピューターでは、このような場合はNに比例する実行時間が必要、すなわち、データベースの要素数が1万倍になれば、探索にかかる時間も1万倍となりました。しかしグローバーのアルゴリズムを使えば、Nの平方根に比例する実行時間で探索ができて、要素数が1万倍の場合であっても100倍の実行時間で探索ができます（図表30-2）。

▶ 実行時間が従来より圧倒的に短くなる 図表30-2

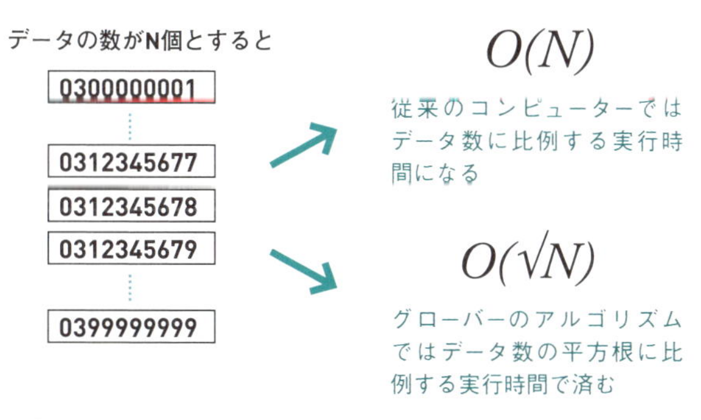

※Oはアルゴリズムが1つの処理に掛かる時間を表し、アルゴリズムによって異なる

NEXT PAGE →

マーキングと確率振幅の反転

グローバーのアルゴリズムは「マーキング」と「振幅増幅反転」という2つの処理で構成されています。マーキングは目印を付けることです。ただし、量子状態で目印を付けても、測定するとすべての組み合わせが同じ確率で出てきてしまいます。そこで平均値を軸にして値を反転させる「振幅増幅反転」という処理を繰り返し行い、目印を付けたデータの出現確率を上げます（図表30-3）。

▶ グローバーのアルゴリズムの仕組み 図表30-3

①重ね合わせ状態→最初はどの状態も等確率

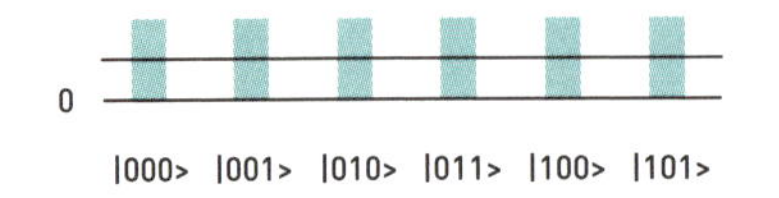

②マーキング（|010>が求めたい答えの場合）

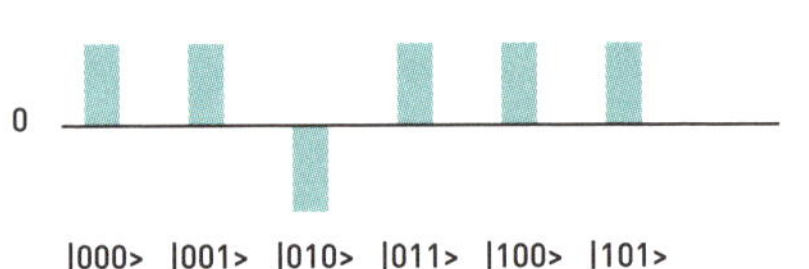

③平均値を軸にする

平均
0
|000> |001> |010> |011> |100> |101>

④確率振幅を反転する

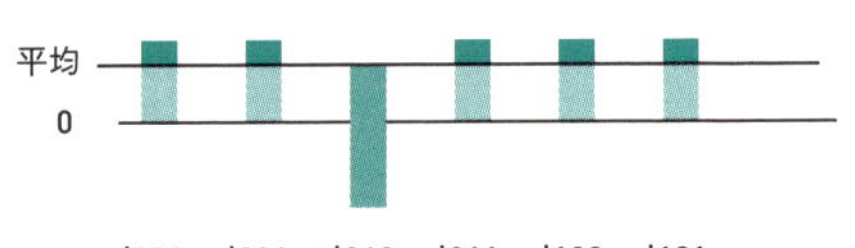

⑤平均値を軸にして、確率振幅を反転する処理を繰り返す

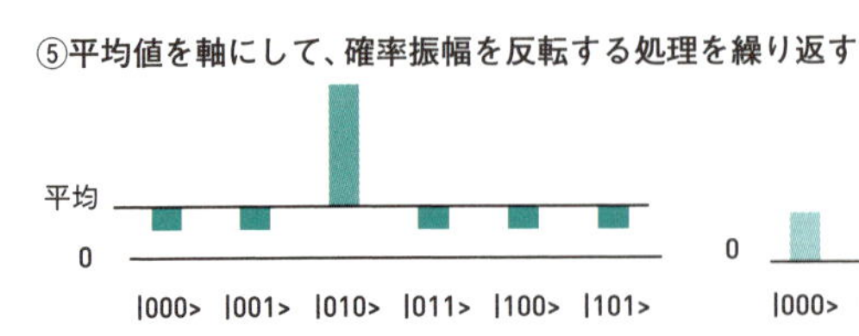

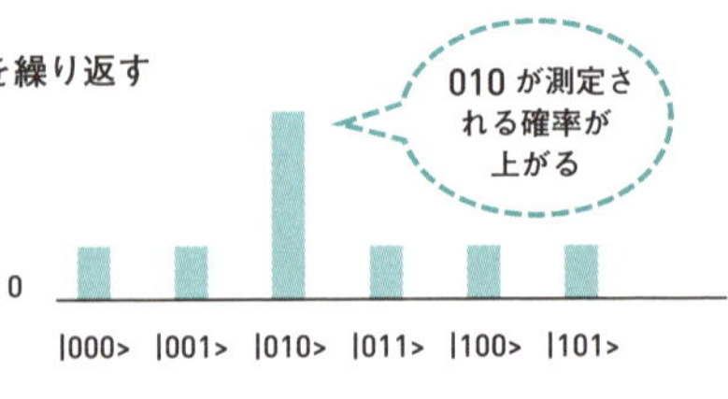

振幅増幅反転を繰り返し、ほしいデータの出現率を高める。「|000>」は複数の量子ビットの値を説明するときに使われ、左から順番に量子ビットの0または1の値を表す。|000>はすべての量子ビットが0、|101>は1番目と3番目が1で、2番目の量子ビットが0という意味

「振幅増幅反転」のように、測定可能なデータにするための操作は多くのアルゴリズムで見られます。

グローバーのアルゴリズムの量子回路

グローバーのアルゴリズムは、さまざまな実装が考えられます。図表30-3の量子回路もかなりシンプルに構成した1例でしかありません。主に「マーキング」と「振幅増幅反転」の2つから構成されるので、それらを意味する「U1」「U2」で表現することもあります（図表30-4）。

▶ グローバーのアルゴリズムの量子回路例 図表30-3

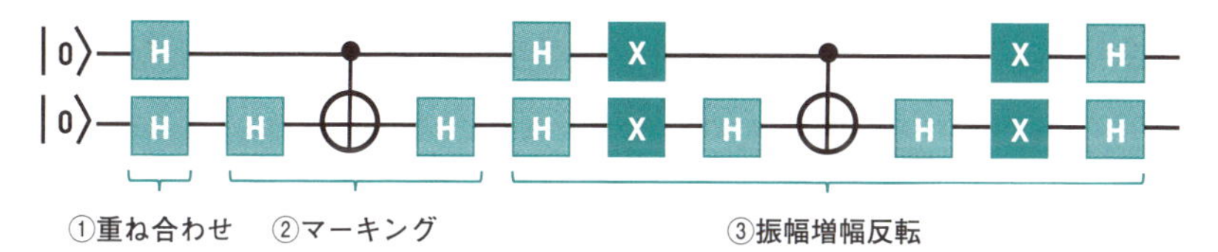

▶ グローバーのアルゴリズムの簡略表現 図表30-4

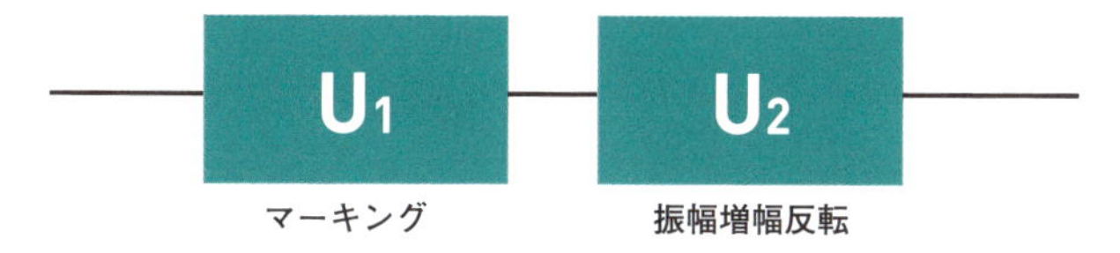

図表30-4の②と③はそれぞれU1、U2と表記できる

マーキングとは検索条件を設定すること

図表30-3の例を見ると、「010」というデータをマーキングして「010」が測定されるよう操作することに、何の意味があるのかと疑問を感じる人もいると思います。「010でマーキングする」というのはシンプルな例としてとり上げただけで、実際に設定されるのはもっと複雑な検索条件です。何らかの問題を表す式を設定すれば、問題を解くために使用することもできます。

検索というよりも、何らかの問題の解を求めるアルゴリズムと呼ぶほうが適切かもしれません。

Lesson [量子アルゴリズム④]

31 素因数分解を解く ショアのアルゴリズム

このレッスンのポイント

ショアのアルゴリズムは主に暗号解読で使用される有名なアルゴリズムです。複数のアルゴリズムの組み合わせで構成されており、RSAと呼ばれる暗号を効率的に破ることができるといわれています。

ショアのアルゴリズムと素因数分解

ショアのアルゴリズムは、従来式コンピューターでは解くのが難しいといわれる素因数分解をするアルゴリズムです。素因数分解とは、図表31-1のようにある数字を素数のかけ算の形で表すための計算です。巨大な素数を2つかけ算して作られた数を、素因数分解して、元々の素数を探すことは、現在のスーパーコンピューターを使っても非常に困難であると考えられています。この性質を利用したものが、インターネットでの認証などに利用されている公開鍵暗号の代表であるRSA暗号です。

量子コンピューターを利用すると素因数分解を現実的な速度で計算できるため、RSA暗号を破れるといわれています。

▶ 素因数分解 図表31-1

素因数分解とは

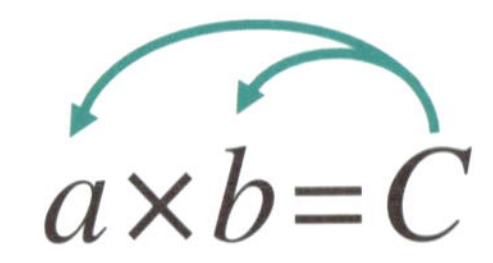

答えCから素数aとbを求める

RSA 暗号で使われる数値は

鍵サイズ	鍵の強度
512ビット	低強度鍵
1024ビット	中強度鍵
2048ビット	高強度鍵
4096ビット	超高強度鍵

よく耳にする「32ビット」で約42億なのでRSA暗号で使われる数値がとてつもなく大きいことがわかる

ショアのアルゴリズムとは？

素因数分解の裏には周期性があります。周期とはすなわち波のことで、波の性質を使って解を探し出すのがショアのアルゴリズムの原理です（図表31-2）。

アルゴリズムの前半は「位相推定」と呼ばれる周期性を探す回路、後半は「量子フーリエ変換」と呼ばれる周期をビットに落とし込む操作で成り立ちます。つまり、整数の周期性を波の周期性を利用して解くという、量子の波動の性質をうまく使っています。ちなみに、ショアのアルゴリズムは理想的な量子コンピューターを想定して考案されたもので、発展途上にある現在の量子コンピューターのハードウェア（NISQ）では実行できません。量子エラー（レッスン27参照）の影響を取り除ききれず、ショアのアルゴリズムが要求する精度で演算することができないためです。そのため、今後のハードウェアの精度向上が待たれます。

▶ 素因数分解の周期性を手がかりに解を求める 図表31-2

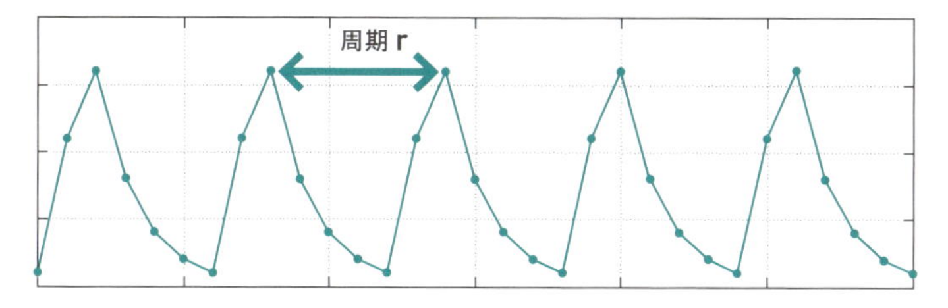

ショアのアルゴリズム

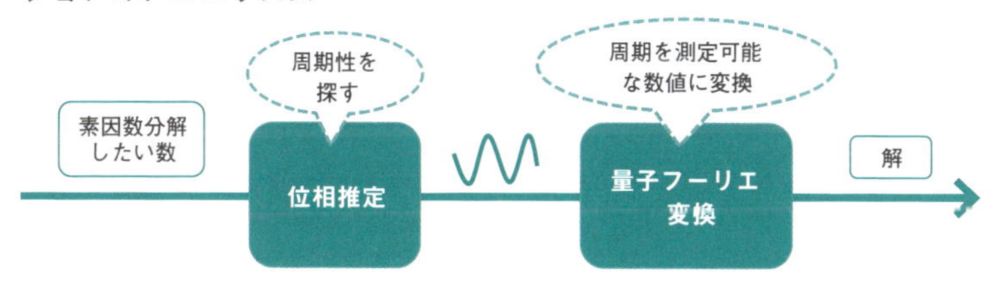

フーリエ変換は、波の情報をビットのデータに変換する処理のことで、これを行わないと結果を測定できない。グローバーのアルゴリズムでいえば増幅振幅反転に相当する

Lesson [量子アルゴリズム⑤]

32 最小コストを求めるVQEアルゴリズム

このレッスンのポイント

VQEは問題の最小コストを求めるためのアルゴリズムで、材料計算や強度計算などに用いられます。現在の量子コンピューターで解が求められるように考案されたNISQ型アルゴリズムです。

低いコストを見つけるVQE

安定した化学物質を開発したい場合には物質のエネルギーコストの小さいものを探すというように、私たちの解きたい問題はたいてい何かしらのコストを低くすることに対応しています。

それらの低いコストを効率的に探すアルゴリズムがVQE（Variational Quantum Eigensolver）です（図表32-1）。

▶ VQEが求める答え 図表32-1

数学的に表すと……

$$\begin{bmatrix} a & b \\ c & d \end{bmatrix} \begin{bmatrix} e \\ f \end{bmatrix} = \lambda \begin{bmatrix} a \\ b \end{bmatrix}$$

↓ 固有行列　↓ 固有値

これを求める

グラフで表すと……

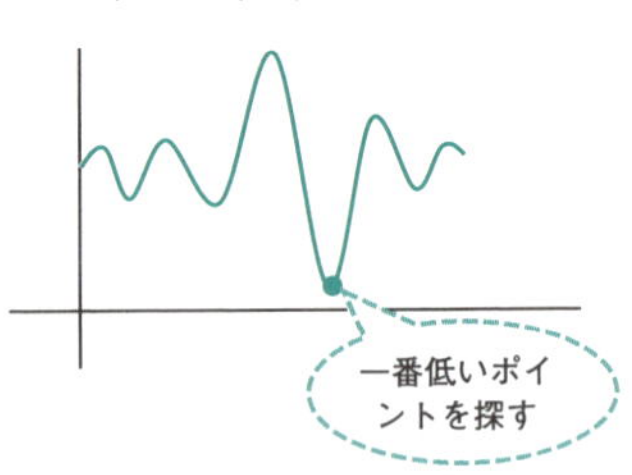

低いコスト（グラフの最小値）を効率的に求める

数学的に考えるとちょっと難しいので、グラフ上の一番低いポイントを探すためのものとイメージしてください。

○ VQEは短い量子回路で工夫する

最も低いコストを探すために解かなければならない数式は非常に長いものです。これをそのまま量子回路として実装すると、回路自体も非常に長いものとなります。ここで問題となってくるのが、量子回路が長いと現在の量子コンピューター（NISQ）では正しい答えが得られなくなるという点です（図表32-2）。

そこでVQEでは図表32-3のように数式を細かく分割します。それぞれの答えは短い量子回路で求められるので、エラーの影響がなくなります。最終的にそれらを集計して求める答えを得る仕組みです。

▶ 数式をそのまま量子回路化するとエラーは避けられない 図表32-2

数式

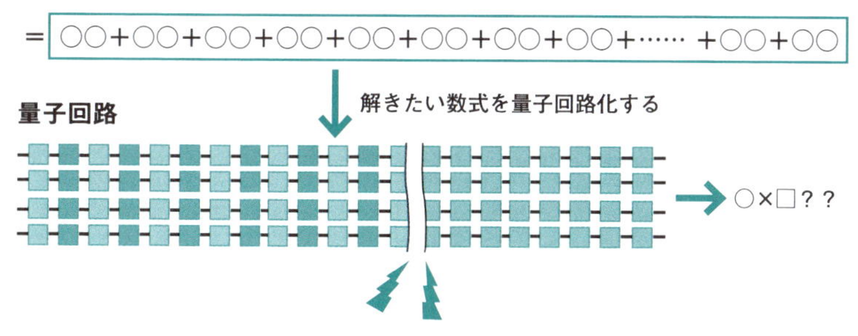

エラーの影響で答えがあてにならなくなる

▶ VQEは数式を分割して処理する 図表32-3

数式

＝ ○○ ＋ ○○ ＋ ○○ ＋ ○○ ＋……＋ ○○ ＋ ○○ ＋ ○○

数式を分割し、それぞれを量子回路化して解く

○○ → 解1

○○ → 解2

○○ → 解3

⋮

○○ → 解X

答えを集計

数学的に短かい回路に分割して計算すればよいというのがVQEの基本のアイデア

答えを集計するのは従来式コンピューター

VQEの量子回路が出した答えは、従来式コンピューターが集計します。つまり、VQEはハイブリッド型のアルゴリズムなのです（図表32-4）。集計以外にもう1つ、従来式コンピューターが行う仕事があります。それは集計結果からパラメーターを調整した別の数式を作り、量子コンピューターに渡すというものです。

VQEに与える数式はグラフ上の一点を求めるためのもので、それが一番低いポイントとは限りません。一番低いポイントを探すためには、それが求められるまで何度も計算を繰り返す必要があります。そのためのパラメーター調整も従来式コンピューターが担当しています。従来式コンピューターの一般的なアルゴリズムによって適切にパラメーター調整を行っているのです。

▶ 従来式コンピューターが担当する仕事 図表32-4

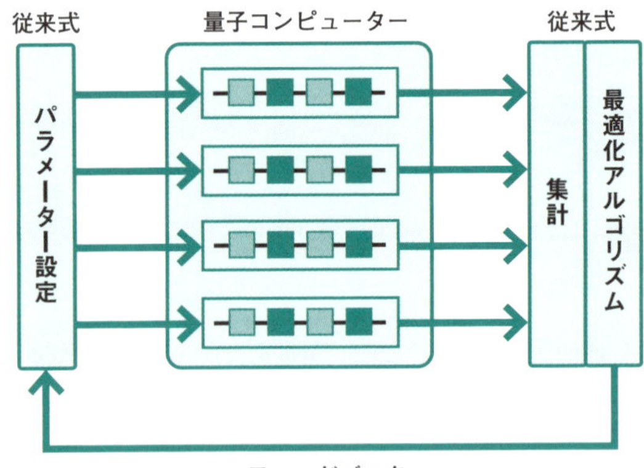

従来式コンピューターと量子コンピューターそれぞれの得意な領域を組み合わせたハイブリッド型アルゴリズム

量子コンピューターから従来式コンピューターへ、そしてまた量子コンピューターへというサイクルが、答えが見つかるまで繰り返されます。

VQEが最小コストを探す流れ

ここでVQEが最小コストを探す流れを見てみましょう。実際の答えは数値なのですが、理解しやすくするために図表32-5のグラフで表します。

最初に初期パラメーターを使って数式の解を求めると、それがグラフ上の一点を示します。しかし、それは求める答えではありません。そこで、従来式コンピューター側の最適化アルゴリズムが、より目的の点に近づくようパラメーターを調整し、新たな数式を作ります。それを量子コンピューターに通すとまた別のグラフ上の一点が求められます。これを繰り返していくうちに少しずつ最小ポイントに近づいていき、やがてはグラフの一番低いポイント、すなわち最小コストにたどりつきます。

▶ 計算と最適化を繰り返して最小コストを探す 図表32-5

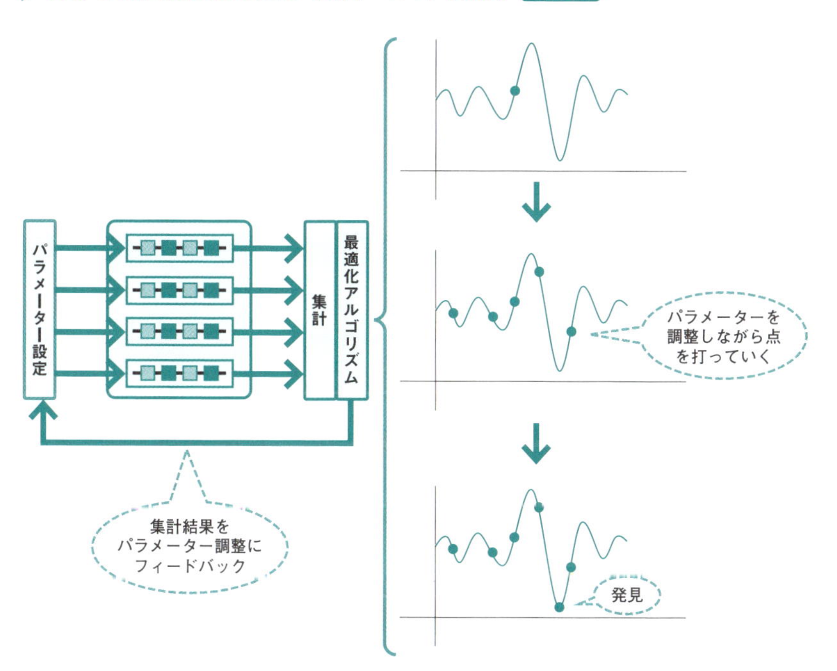

1回の計算でグラフ上の一点が求められるので、パラメーターを補正しながら何度も計算を行い、最小コストを探す

Lesson 33 [量子アルゴリズム⑥]

社会問題の解を求める QAOAアルゴリズム

このレッスンのポイント

QAOAアルゴリズムは主に「組み合わせ最適化問題」という、多数ある選択肢の中から最適なものを選択するときに使われるアルゴリズムです。最短経路の探索や渋滞解決など、社会問題の解決に向いているとされています。

量子コンピューターを実社会問題に適用する

量子コンピューターでより効率的に実社会の問題が解けないかどうかという試みが進んでいます。その中で、組み合わせ最適化問題を取り扱い、多数ある選択肢の中から最適なものを探し出すアルゴリズムがQAOA（Quantum Approximate Optimization Algorithm）です。

組み合わせ最適化問題は、多数の選択肢の中からベストな答えを探すというもので、産業や生活、業務の中ではさまざまな場面で登場します（図表33-1）。仮に答えがわからなくても、ルールを数式として作り上げれば、コンピューターによる演算を通じて効率的な解を探索することが可能です。ただし、要素の数が増えると選択肢となる組み合わせは膨大に増加し、組み合わせ爆発を起こしてしまいます。

そのような組み合わせ爆発に対応しようと作られているのが、QAOAなどの組合せ最適化問題のアルゴリズムです。

▶ 組み合わせ最適化問題 図表33-1

大きさが異なる荷物をどの順番で入れていけばよい……？

荷物が増えると組み合わせの選択肢も膨大に

コスト関数の答えが一番小さくなる値を探す

組み合わせ最適化問題は、重み付きグラフで表すことができます。重み付きグラフとは、複数の頂点を辺でつなぎ、各辺に「重み」を持たせたものです。

たとえば、最適な道順を探す場合、頂点が通過しなければならないポイントを表し、辺は道を表すとします。そして、辺に付けられた重みはその道を通過するときの時間を表します。この場合、重みの合計が一番小さくなる経路が、最適な道順といえます。QAOAでは、解きたい問題を重み付きグラフにし、そこから数式を作り出します。この数式をコスト関数またはハミルトニアンと呼びます（図表33-2）。

コスト関数の答えが一番小さくなる値が見つかれば、それが最適解です。これは先ほど求めたVQEと似ていますね。つまり、数式の作り方は異なりますが、数式ができてから先はVQEを利用して答えを求めます。

▶ 重み付きグラフとコスト関数 図表33-2

重み付きグラフ

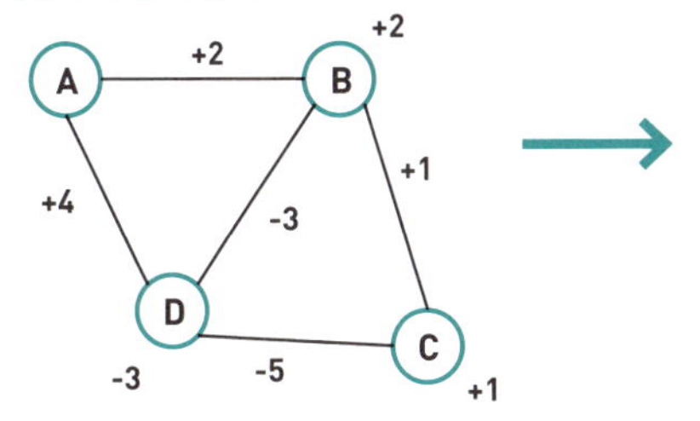

コスト関数

$$qA+2qB+3qC-3qD+2qAqB+2qDqC-5qCqD+4qDqA-3qBqD$$

A〜Cの頂点（ノード）を辺（エッジ）でつないだものをグラフと呼び、各エッジに重みを付ける。これをコスト関数の形に直すとQAOAによって解くことができる

QAOA は、組み合わせ最適化問題を量子ゲート方式で解くためのアルゴリズムです。組み合わせ最適化問題を解くために、量子アニーリング専用機を研究している人もいます。

COLUMN

ショアのアルゴリズム

現状の量子コンピューターのハードウェアは、誤り訂正機能が完成していないため、ショアのアルゴリズムをまだ解くことができません。しかし日々の研究開発の進行度から見て、誤り訂正機能が実装される日もそう遠くはないでしょう。そのためにもショアのアルゴリズムなどの理解も深めておく必要があります。国内でも各種資料や勉強会が公開・開催されています（図表33-3）。

▶ ショアのアルゴリズムの解説資料 図表33-3

@gyu-don 2019.03.24更新 624views

Shorのアルゴリズムについて解説スライド作ってみた

Tweet

こんにちは。MDRの加藤 (gyu-don) です。

量子コンピュータに関連する開発や研究には、高度な知識が要求されることが多々あります。そのため、弊社では、第一線で活躍されている研究者の方にパートナーになっていただいて、ご指導いただいたり、研究開発を手伝っていただいたりしています。

Shorのアルゴリズム

量子コンピュータ

- 近年、量子コンピュータのハードウェアに関する進展が目覚ましい
  - 誤り訂正なし・中規模の量子コンピュータの実現が目前に迫っている
  - 現在のハードウェアで動くアルゴリズムの開発が活発に行われている
- 従来から研究されていた、誤り耐性のある量子コンピュータでのアルゴリズムも重要性が増してきた
- 素因数分解を高速に行う「ショアのアルゴリズム」は最も有名で重要な量子アルゴリズムのひとつ

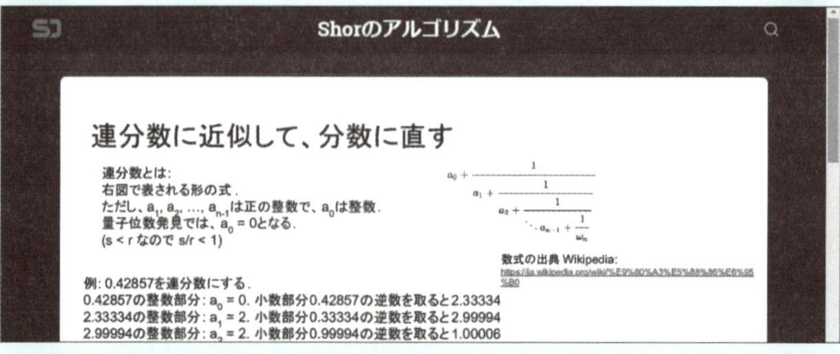

ショアのアルゴリズムを解説した資料は各種公開されている。画面は筆者の会社のブログ
https://blog.mdrft.com/post/2896

Chapter

5

量子コンピューターにできること

これまで量子コンピューターの仕組みを中心に解説してきましたが、実際にはどんなことができるのでしょうか。第5章では量子コンピューターの使用事例を紹介していきます。

Lesson 34 [全体概要]

量子コンピューターの使用事例

このレッスンのポイント

第5章ではさまざまな使用事例を紹介していきますが、まずはその概要を見ていきましょう。量子コンピューターは万能の利器ではありません。その限界を理解しておくことも、量子コンピューターの活用には欠かせないことです。

量子コンピューターの進出が期待されている分野

量子コンピューターは近年目覚ましい発展を遂げていて、さまざまな利用方法が検討されています。これまでの従来式コンピューターでできなかったことの実現が期待されているのと同時に、誰も考えつかないような未知の活用法への期待も高まっています。この第5章では、実際の活用事例や機能面で実用化が望まれていることのうち、図表34-1に挙げた分野を中心に紹介していきます。

本章でとりあげる使用事例 図表34-1

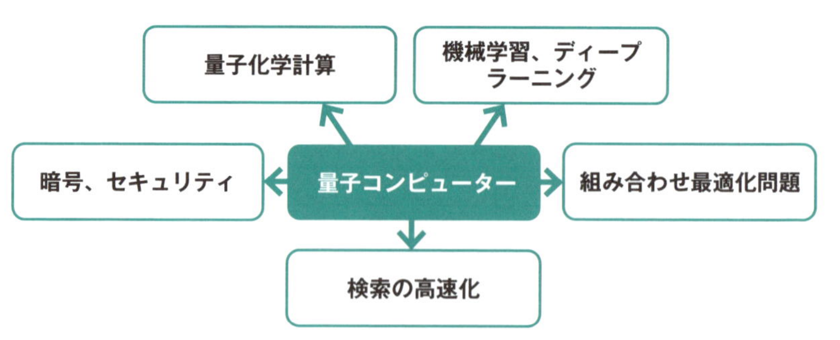

量子コンピューターならではの応用事例のほか、従来からある仕組みを量子コンピューターを使ってより効率的に行う取り組みもある

量子コンピューターの進出が期待されているのは、いずれも大量の計算処理が要求される分野です。

直近で期待される3分野

量子コンピューターの活用が期待されている分野として大きなものが3つあります。それは、「機械学習」と「最適化計算」そして「量子化学計算」です（図表34-2、図表34-3）。これらの分野は現在開発されている量子コンピューターの性能とよくマッチするため、世界中で開発が活発化しています。レッスン35からこれらの分野を重点的に取り上げて実際の使用事例を紹介していきます。

▶機械学習の量子コンピューターへの移植が進められている 図表34-2

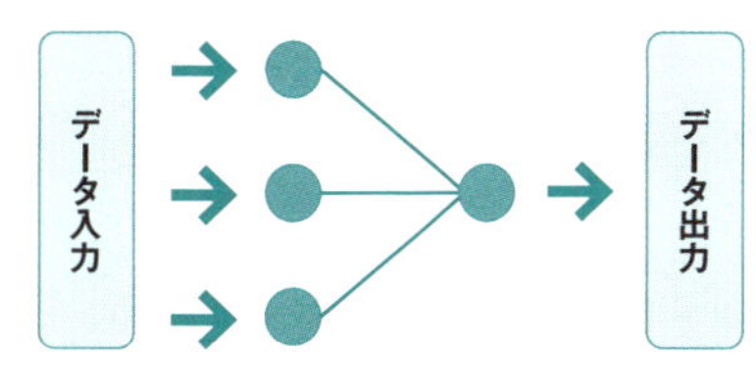

機械学習で使われるニューロンを量子コンピューターに移植する研究開発が進められている

▶量子化学計算で分子構造が安定する状態を求める 図表34-3

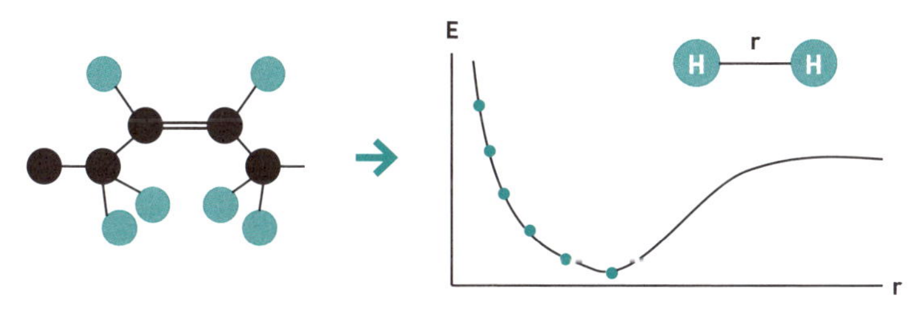

量子化学計算はスーパーコンピューターでも計算結果が得られるまで年単位の期間が必要とされるが、量子コンピューターなら短期間で計算できると期待されている

Lesson [量子コンピューターの使用事例①]

35 機械学習による画像認識

このレッスンのポイント

私たちの身近なところで利用されている画像認識も、量子コンピューターの進出が期待されるジャンルの1つです。**わずかな量子ビットで大量の画像パターンを扱うデータ圧縮効果**が研究されています。

画像認識とは

画像認識は、動画や静止画に何が写っているのかを判断する技術です。「機械学習」という技術によって精度が大幅に上がり、顔認証や自動運転など、さまざまな分野での利用が進んでいます。
画像認識では、画像のパターンを解析して、識別するために必要な特徴を抽出します（図表35-1）。特徴を抽出するまでには大量のサンプル画像を利用した解析が必要となりますが、いったん特徴を捉えられれば高い精度で見分けられるようになります。

▶ 画像認識 図表35-1

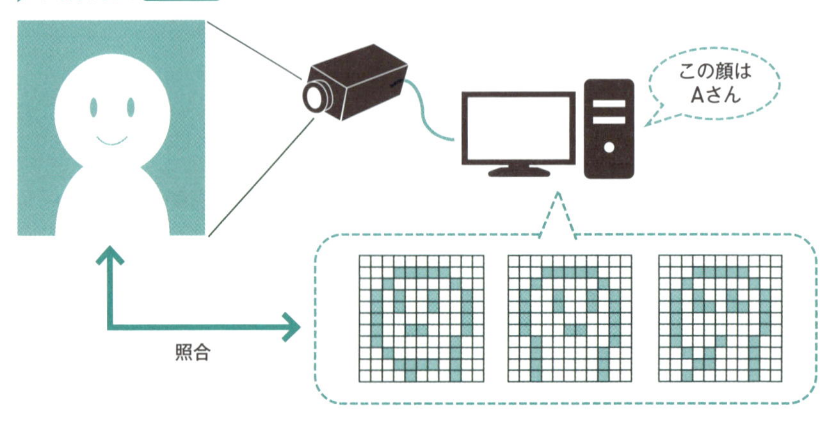

機械学習による画像認識では、大量の画像を解析することで、その特徴となるパターンを抽出する処理が必要となる

量子の性質を画像解析に活かす

第3章でも触れましたが、コンピューターは小さなマス目の集合として画像を処理しています。カラー画像の場合はやや複雑ですが、白黒の画像であれば白を0、黒を1として処理していきます。つまり1ピクセル＝1ビットで処理していくわけです。

量子コンピューターでは、量子ビットの性質を利用することで、画像認識の精度向上に貢献できると見られています。最近の研究では、わずか2量子ビットで4ピクセル16パターンの画像を扱うアイデアが登場しています（図表35-2）。従来式コンピューターの場合、4ピクセル16パターンの画像を扱うには4ビット必要です。それが半分で済むというのです。しかも単に半分になるわけではなく、量子ビットがN個とすれば2の2のN乗のパターンを扱えます。たとえば4量子ビットなら2の2の4乗なので、65,536パターンを扱えることになります。

▶ 少ない量子ビットで大量の画像パターンを処理できる 図表35-2

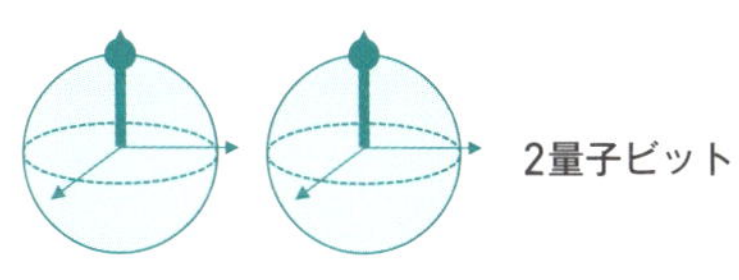

2^{2^N} ……2の2のN乗の情報が扱える（Nは量子ビット数）

<例>

- 2量子ビット……2の2乗は4、2の4乗は16
- 3量子ビット……2の3乗は8、2の8乗は256
- 4量子ビット……2の4乗は16、2の16乗は65,536

少量の量子ビットでこれほど大量の画像パターンを表せるというのは、何だか夢のような話ですね。

量子ビットの2軸をフル活用する

なぜ2量子ビットで16パターン、4量子ビットで65,536パターンもの画像を扱うことができるのでしょうか？　量子ビットでは0と1を重ね合わせた状態を扱えますが、それでは2パターンしか表せません。ここで量子ビットをイメージ化したブロッホ球を思い出してください。X軸の回転で状態ベクトルを動かすと0と1の間で重ね合わせできるのでしたね。量子コンピューターを画像認識に利用する研究では、X軸に合わせてZ軸の回転も使用します。レッスン22で波の計算を行う際はZ軸を「位相」という情報を表すために使うと述べましたが、位相以外の情報を表すために使っても問題ありません。Z軸の回転でも0と1のような2通りの情報を扱うと考えれば、1量子ビットで2の2乗＝4パターンを表せるのです（図表35-3）。

▶ X軸とZ軸を利用して情報量を増やす 図表35-3

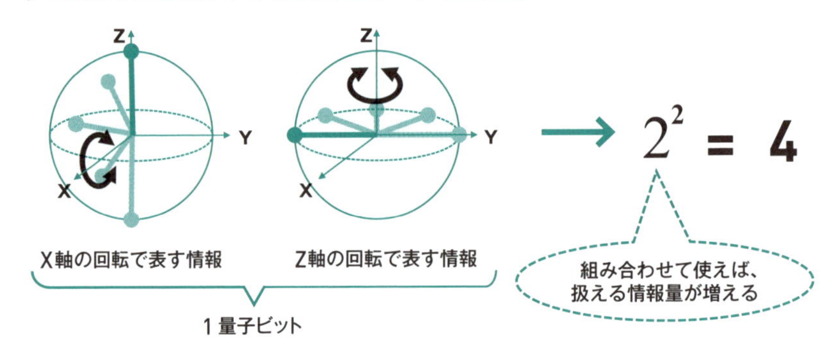

2量子ビットあれば

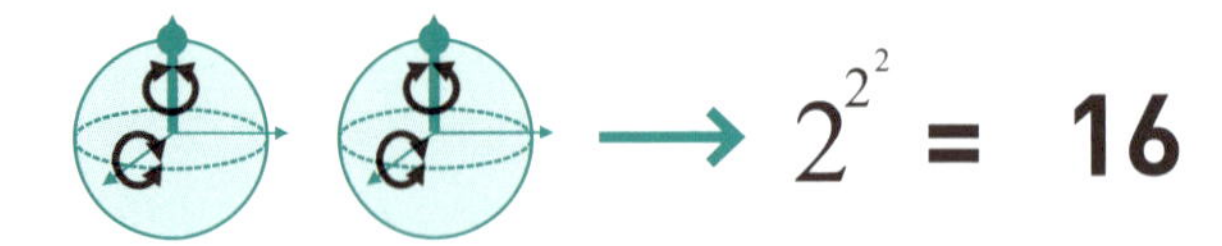

1量子ビットでX軸、Z軸を回転させることで、2の2乗の情報を表せる

要するに量子ビットが持ちうるすべての情報を活用するアイデアです。

画像認識の高速化がもたらすもの

少ない量子ビットで画像パターンを処理できるということは、認識の精度や速度の向上につながります。これは量子コンピューターに限った話ではありませんが、精度と速度が向上すれば当然ながら画像認識の活用範囲も拡がっていきます。

たとえば、近年では衛星から地球を観察して、さまざまな物体の認識を行う例も出てきています。地球上のすべての画像を処理するのはとても膨大な仕事で、人間の手だけでできることは限られています。

そうした地表面の状況を判断するために、機械学習による画像認識やアルゴリズムが活用されています。しかし、画像認識を使用したとしても、地球上にある物体はとてつもなく膨大であり、コンピューターの大幅な性能向上が求められています。その突破口の1つとして期待されているのが、量子コンピューターなのです。

顔認識にしても自動運転にしても、量子コンピューターでより高速で複雑な解析ができれば多くの社会の問題の解決につながります。まだまだ活用は初歩的なものですが、少しずつ技術開発が進められています。

量子コンピューターによる機械学習の研究記事 図表35-4

A perceptron is a single-layer neural network. The deep-learning networks that have generated so much interest in recent years are direct descendants. Although Rosenblatt's device never achieved its overhyped potential, there is great hope that one of its descendants might.

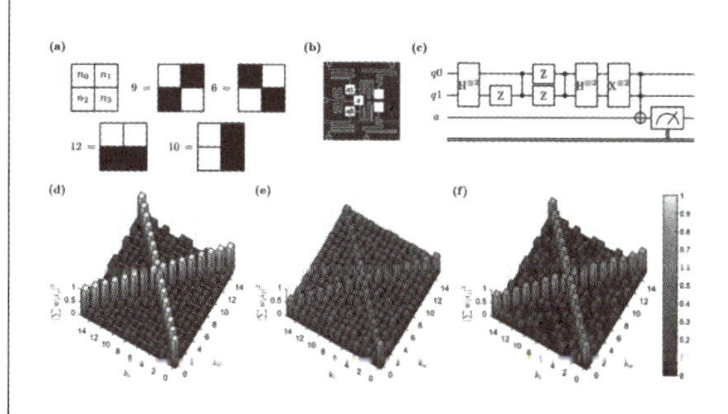

Today, there is another information processing revolution in its infancy: quantum computing. And that raises an interesting question: is it possible to implement a perceptron on a quantum computer, and if so, how powerful can it be?

01 There's probably another planet in our solar system

02 The hipster effect: Why anti-conformists always end up looking the same

03 Triton is the world's most murderous malware, and it's spreading

04 10 of Bill Gates's favorite books about technology

05 China's social credit system stopped millions of people from buying travel tickets

量子コンピューター（IBM Q）でパーセプトロンを実行し、画像処理を行わせた実証結果のレポート

Machine learning, meet quantum computing

https://www.technologyreview.com/s/612435/machine-learning-meet-quantum-computing/

Lesson ［量子コンピューターの使用事例②］

36 量子化学計算による新材料の開発

このレッスンのポイント

新たな薬効を持つ薬品、強固な建築材料、コンパクトかつ大容量なバッテリー素材など、新しい材料は常に求められています。そのための量子化学計算も、従来式コンピューターでは非常に時間がかかるジャンルです。

材料開発と量子化学計算

私たちの身のまわりにはさまざまな工業製品があります。それらの工業製品は機能性や利便性を向上させる新しい材料の開発に支えられていますが、そのような材料開発に量子コンピューターの活用がはじまっています。

「量子化学計算」は、材料の特性を形作る要因を探るために、原子や電子のようなとても小さな量子がどのように組み合わさっているのかを詳細に分析する手法です（図表36-1）。素材を構成する原子や分子それぞれの電子の配置を調べ、その作用を複雑な計算を通じて求める必要があります。

このような無数にある電子の配置が対象となると、従来式のコンピューターでは計算量が追いつかないことがわかっています。その課題を量子コンピューターで解決し、未来の新材料開発を根本的に変えていこうという試みがあります。

▶ 量子化学計算 図表36-1

従来の化学計算

→

量子化学計算

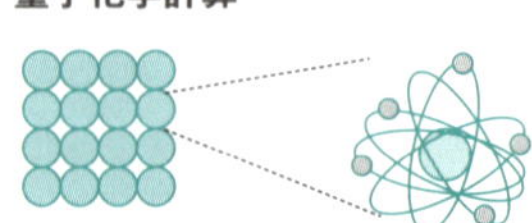

原子や分子のレベルで計算を行う

量子化学計算の「量子」は、素材の原子や分子から来ています。量子コンピューターとは直接関係ありません。

分子構造が安定する距離を求める

一般に量子化学計算は、分子構造が安定する状態を求めるために使われます。安定した分子は、「丈夫で壊れにくい」「長時間経っても性質が変わりにくい」といった、人間にとって有益な性質を示すからです。そして分子の安定性は、分子を構成する原子の距離で決まります。

図表36-2は分子エネルギーの計算を表したものです。このグラフを見て気づいた人もいると思いますが、この最小エネルギーを求めるために第4章のレッスン32で紹介したVQEが使われます。

▶ 分子エネルギーの計算 図表36-2

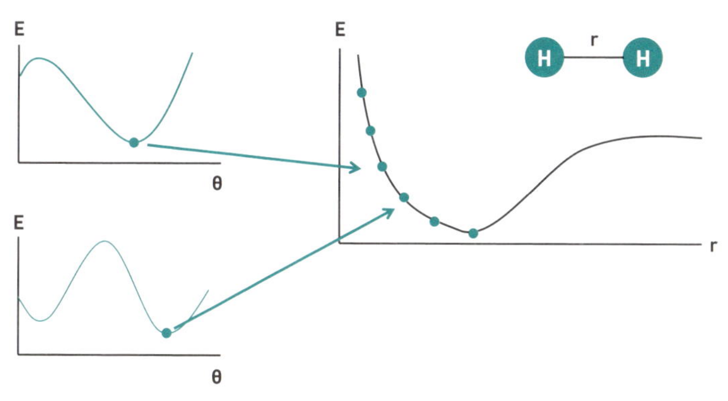

VQEアルゴリズムを用いて、分子エネルギーの最小値を求めていく

分子が大きいほど計算は複雑になる

少数の原子から構成される分子を低分子、多数の原子から構成される分子を高分子といいます。直感的に予想できるとおり、高分子のほうが計算は複雑になります。アミノ酸などは分子が平面的に並ぶのではなく、立体的に折りたたまれた状態となるため、その状態でも安定するように計算しなければいけません。

▶ 低分子と高分子 図表36-3

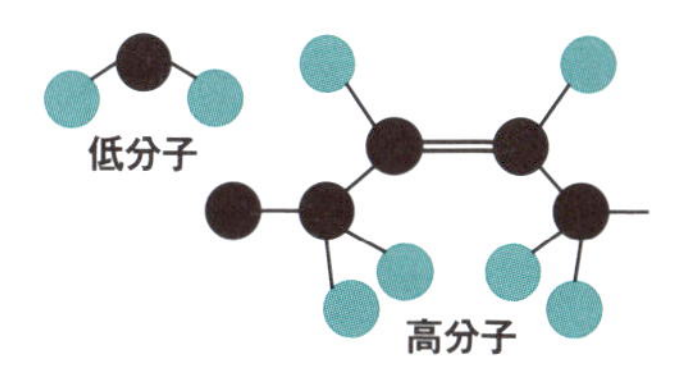

高分子ほど計算が複雑になる

従来の手法だと量子化学計算に数か月から数年かかることもあります。

量子化学計算のソフトウェア

量子化学計算用のソフトウェアは、ほかの分野にない特徴があります。それは、従来のソフトウェアの一部を変換し、量子コンピューター向けのソフトウェアを一部付け加えることで利用できるという点です（図表36-4）。この利点を活かすことで従来の知識がそのまま応用できるのも魅力です。

材料科学分野には世界中に多くのスタートアップや大手企業が参入しています。最も有名なのが、アメリカのハーバード大学発のベンチャー企業Zapata Computingで（図表36-5）、量子化学の世界的権威であるアラン・アスプル-グジク博士のもと、量子化学や機械学習分野のアルゴリズムを製品化し、世界中で活躍をしています。

▶ 量子化学計算 図表36-4

従来のソフトウェアの一部を変換するだけで量子コンピューターに対応させられる

▶ Zapata ComputingのWebサイト 図表36-5

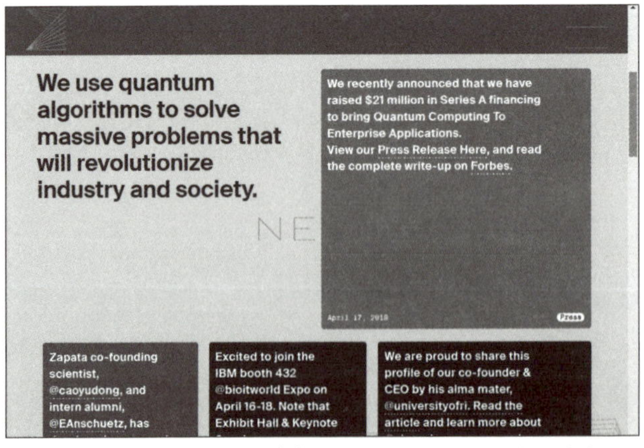

量子化学計算ベンチャーとして有名なZapata Computingのサイト。ちなみにZapataとは、メキシコ革命のリーダー、エミリアーノ・サパタ・サラザールにちなんで名づけられたもの
https://www.zapatacomputing.com/news

より高性能な自動車用バッテリーの開発

電気自動車やハイブリッドカーでは、バッテリーが最も重要なパーツとされています。コンパクトかつ大容量で安全なバッテリーを求めて、世界中の自動車メーカーがしのぎを削って開発を続けています。これらバッテリーの材料開発も、量子化学計算の対象の1つです。自動車以外でも、スマートフォンや各種ウェアラブルデバイスといったバッテリーを必要とする機器は急増しており、より優れたバッテリーの開発は世界的な急務といます（図表36-4）。その開発をスピードアップするために、量子コンピューターの導入が求められています。

▶ バッテリー開発 図表36-4

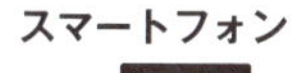

高性能なバッテリーは私たちの生活に欠かせない多くの機械や製品の性能を向上させる

材料シミュレーション

新しい材料の開発現場では、量子化学計算のようなとても根本的な計算を利用する一方で、従来とは異なるアプローチで材料開発を行う試みも進められています。材料の特性を解析するために、特性をプログラミングしてシミュレーションするというものです。ここでも量子コンピューターを使えば、より複雑な組み合わせで新しい挙動が見えてくるのではないかと期待されています。

膨大な計算量を解決するために、量子コンピューターの利用が期待されています。

Lesson 37 [量子コンピューターの使用事例③]

機械学習とディープラーニング

このレッスンのポイント

機械学習とディープラーニングも計算量が多く、量子コンピューターの進出が期待される技術です。しかし、実現するためには、超えなければならないハードルがいくつかあると見られています。

ディープラーニングとは

機械学習とディープラーニングは最近注目のキーワードなので、耳にしたことがある人も多いのではないでしょうか？　機械学習とは、レッスン35でも説明したようにコンピューター自体の自己学習で認識精度を上げる技術のことで、その手法の1つがディープラーニングです（図表37-1）。

ディープラーニングでは計算量が膨大になるため、計算時間や消費電力が問題となっています。これらの演算を高速に処理できれば、より複雑なモデルや大量のデータを処理できます。学習の精度が上がることでモデルを強化できると期待されているのです。

▶ディープラーニングのイメージ 図表37-1

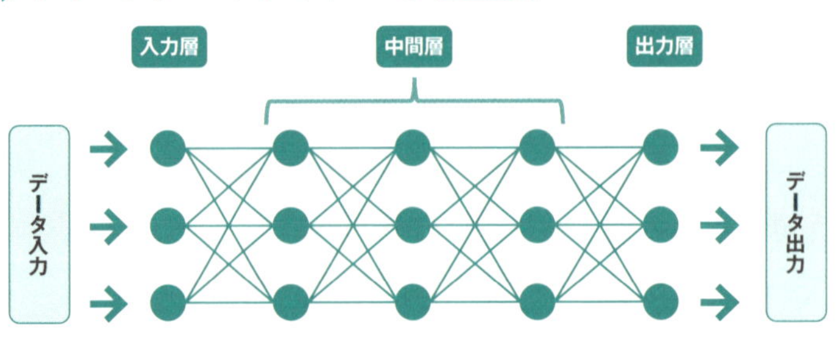

ディープラーニングでは人間の脳細胞を参考にしたニューラルネットワークによって学習を行う。図の円がニューロンを表し、ニューロンからニューロンへと信号を渡しながら特徴を抽出する

ディープラーニングへの量子コンピューターの活用

現在、ディープラーニングのアルゴリズムを量子コンピューターに移植する研究が進められています。しかし、ここに1つの問題があるとされています。もともとディープラーニングは、図表37-2のように多数の入力データから1つの特徴量という情報を導き出す仕組みです。材料を絞ってエッセンスを取り出すようなものですね。回路の構造としては、複数の入力を受けて1つの出力をすることになります。

従来式コンピューターでは入力と出力の数は柔軟に変えられますが、量子コンピューターの量子回路では、入力と出力は常に同数になります。そのため、入力が多くて出力が少ない場合、途中から使わなくなる量子ビットが多数出てきてしまいます（図表37-3）。アルゴリズムの移植を進める中で、この問題の解決方法が模索されています。

▶ ディープラーニングのニューロン 図表37-2

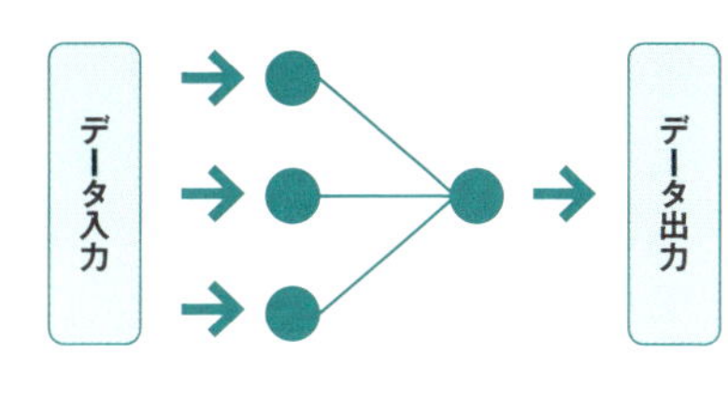

ディープラーニングでは、大量の入力データから1つの特徴を出力する

▶ 量子コンピューターに移植すると…… 図表37-3

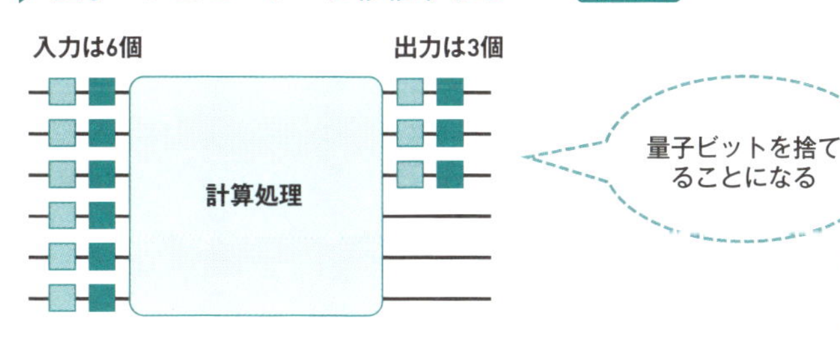

量子コンピューターでディープラーニングの仕組みを実現すると、量子ビットが活用しきれない

画像認識のところで触れたように、量子コンピューターでデータを圧縮できる反面、量子ビットを活用しきれないという問題も抱えているのです。

Lesson 38 [量子コンピューターの使用事例④]

暗号とセキュリティ

このレッスンのポイント

量子コンピューターは私たちの身のまわりの安全に関する概念を変えつつあります。量子コンピューターが普及し、現行の暗号化技術が脅かされる時代を見据え、「耐量子コンピューター暗号」の研究も進められています。

量子コンピューターがセキュリティに与える影響

インターネットをはじめとする通信分野において、セキュリティの重要性が日に日に強まっています。デジタルデータは簡単に複製できてしまうため、第三者に解読できないようにする必要があり、そのための仕組みが暗号化なのですが、暗号化技術の多くは「現在のコンピューターでは現実的な時間の範囲内で解けない」ことが根拠となっています（図表38-1）。しかし量子コンピューターによってこの前提が大きく変わろうとしています。従来式コンピューターでは解けない暗号が、量子コンピューターによって解読される可能性が高まってきているのです。

▶ 量子コンピューターで「不可能な計算」がなくなる 図表38-1

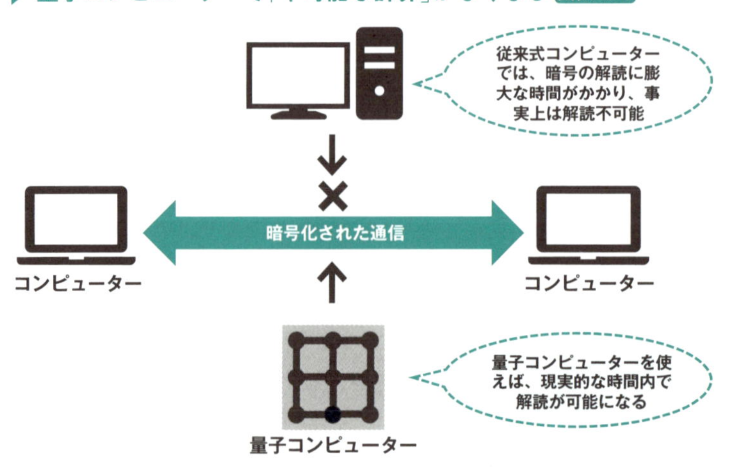

量子コンピューターによって「計算が不可能」という前提が揺らいでいる

新しいセキュリティの形が研究されている

暗号化技術は、仮想通貨やブロックチェーンなどのセキュリティが重視される分野だけでなく、無線LANや一般的なインターネット通信でも普通に使われています。暗号化技術が無効化されるということは、現在のコンピューター社会を根本から揺るがしかねない大問題です。

この問題の対策として、現在量子コンピュータでも解き難い新しい暗号の研究が進められています。一般に「耐量子コンピューター暗号」と呼ばれるものです。耐量子コンピューター暗号の候補には、格子暗号、多変数暗号、代数曲面暗号などが挙げられており、それぞれ研究が進められています。

耐量子コンピューター暗号の有力候補「格子暗号」

現時点では図表38-2の「格子暗号」が耐量子コンピューター暗号の有力候補とされています。

格子暗号では、「ベクトル」と呼ばれる向きと長さを表す情報を暗号に使用します。通常のベクトルは軸が直交した座標系（格子）から作られますが、格子暗号では斜めにゆがんだ格子からベクトルを作ります。ここでは簡単な説明に留めますが、この格子のゆがみ具合が簡単に解読できないことが、格子暗号の根幹です。

▶ 格子暗号のしくみ 図表38-2

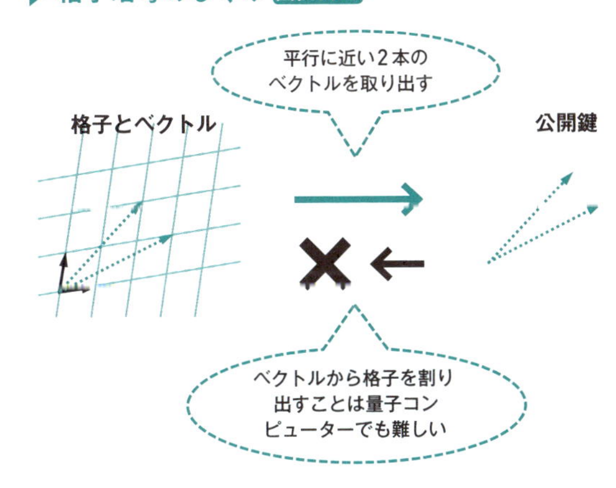

斜めにゆがんだ格子上のベクトルからは、元の格子の形状が割り出せない

Lesson 39 [量子コンピューターの使用事例⑤]

量子テレポーテーション

このレッスンのポイント

量子テレポーテーションは、量子もつれによって引き起こされる現象の1つです。これを利用すると、超高速の通信を実現できる、原理的に盗聴不可能になるといったメリットがあるとされています。

量子テレポーテーションとは

レッスン14で、量子もつれによって、複数の量子ビットの量子状態が関連づけられると説明しました。一方が1であれば他方も1になり、一方が0であれば他方も0になるというように、一方の状態によって他方の状態が決まるというものです。不思議なことに、量子もつれは量子をどれだけ引き離しても保たれます。

この性質を利用したものが「量子テレポーテーション」です（図表39-1）。量子もつれを引き起こしたまま量子を遠隔地に送っておけば、片方の量子状態を変化させると一瞬でもう一方に伝わるのです。この現象を通信に利用する研究が各所で進められています。

▶ 量子テレポーテーションによる通信 図表39-1

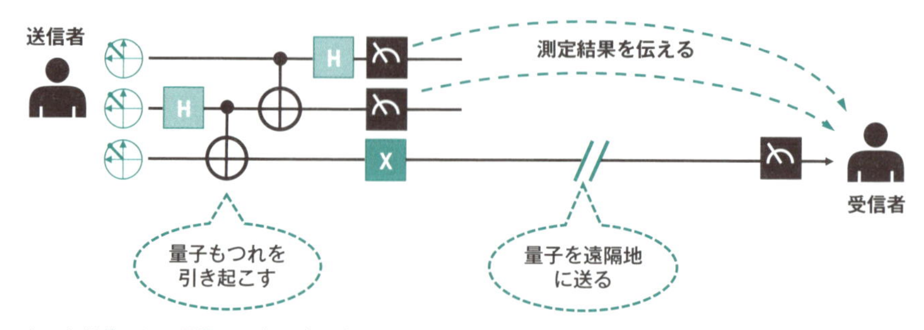

もつれ状態にある量子の一方を遠隔地に送り、手元にある量子の測定結果を別の手段で送ると、それらを利用して量子状態を復元することができる

量子テレポーテーションによる通信のメリットとは

この少し不思議な量子テレポーテーションを利用した通信のメリットは、大きく2つあるとされています。まず1つめは、量子状態は一瞬で伝わるため、高速な通信が可能になるというものです。ただし、量子自体を目的地に届けるまで、量子状態を保つ必要があります。現在行われている研究では、量子状態を長く保てて（コヒーレンス時間が長い）、遠隔地まで運びやすい光子が用いられています。

もう1つは、量子状態は複製不可能という性質を利用して、原理的に盗聴できないセキュリティを実現できるというものです。レッスン38で耐量子コンピューター暗号について説明しましたが、量子テレポーテーションによる通信が実現すれば、暗号化しなくてもセキュリティが保てるようになります。

テレポーテーションといっても、量子自体が送られるのではなく、量子状態が一瞬で伝わるという仕組みです。量子状態は測定によって壊れてしまうため、測定（＝盗聴）した時点で相手にバレてしまいます。量子テレポーテーションによる通信は、世界中で研究が進んでいます。

ワンポイント　偽造も盗難も防げる量子マネー

量子テレポーテーションを利用したアイデアに「量子マネー」があります。量子状態は複製できない、かつ通信段階では盗聴ができないという仕組みを活用することで、偽造ができないお金を作ろうというものです。現在の技術では実現はとても難しいものですが、原理的に偽造も盗難もできないお金を作れれば、これまで考えられなかったような場所でもお金が使えるようになるかもしれません。

たとえば将来、月や火星などで人々が暮らすようになれば、宇宙でも確実に使えるお金が必要になるはずです。そうなると量子マネーで売り買いをするようになったり、量子テレポーテーションで送金したりするかもしれないのです。そう考えると夢が広がりますね！

Lesson 40 ［量子コンピューターの使用事例⑥］

業務の最適化

このレッスンのポイント

企業や工場で行われている日常的な業務も複雑化の一途をたどっており、その管理も社会問題となりつつあります。複雑な問題に強い量子コンピューターを使って、業務や生産の効率化を図る研究も進んでいます。

業務効率化と生産効率化

工場内では、ロボットの挙動などの自動化が進んでいます。1台1台の自走式ロボットの挙動はあらかじめプログラミングされていて予想可能なものですが、動作が複雑になったりロボットの台数が増えてきたりすると、容易に混雑を起こして効率が落ちてしまいます。ロボットに限らず、人や物をどう割り当てれば効率が上がるのかは重要な問題です（図表40-1）。

レッスン33でも解説しましたが、多数ある選択肢の中から計算によってベストな選択肢を選ぶを通じて行うことを、組み合せ最適化といいます。組み合わせ最適化を通じて多くの業務の効率化や社会問題を解くことができれば、人間のみならず機械にかかる負担までも大幅に減らせると期待されています。

▶ 組み合わせ最適化問題の例 図表40-1

勤務シフトの調整

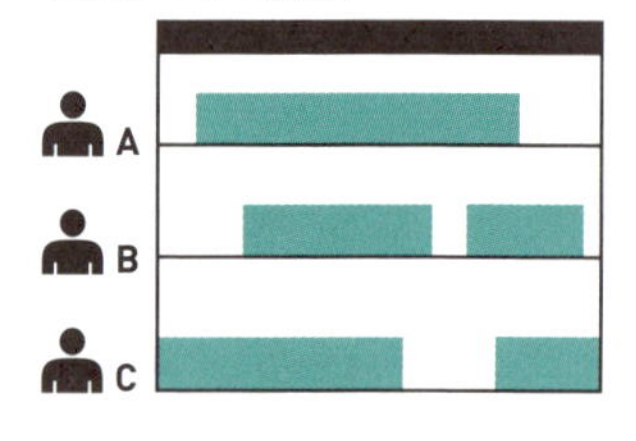

効率よく仕事が進むよう勤務シフトを調整する

工場内のロボットの渋滞緩和

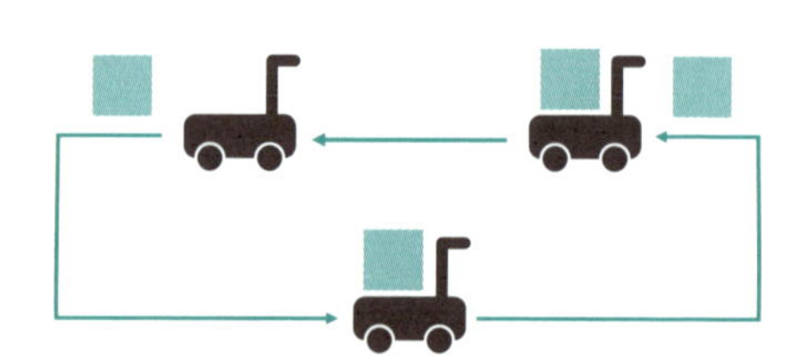

ロボットが渋滞を起こすことなく効率よく働けるよう制御する

QAOAか量子アニーリングが使われる

組み合わせ最適化問題で使われるアルゴリズムは、量子ゲート型ではレッスン33で紹介したQAOA、そして第6章で紹介する量子アニーリングがあります。QAOAは組み合わせ最適化問題を数式化し、数式を細かく分割して計算していきます。量子アニーリングは組み合わせ最適化問題専用のアルゴリズムで、選択肢を量子ビットに割り当てて問題を解いていきます。どちらの方式でも問題になってくるのは、組み合わせ数が少ない場合は従来式コンピューターでも答えが出せるという点です。そのため、組み合わせが多すぎて従来式のコンピューターでは答えにたどりつけないような問題を用意する必要があります。

▶ 組み合わせ最適化問題のためのアルゴリズム 図表40-2

QAOA

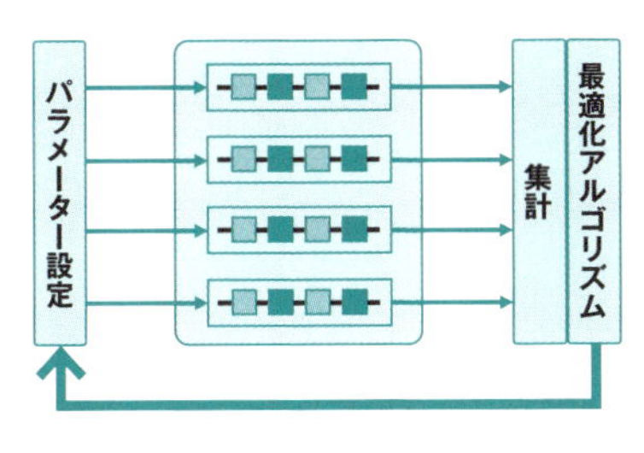

量子アニーリング

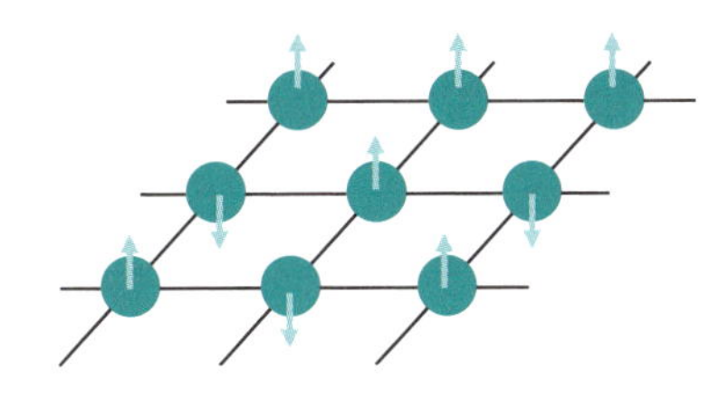

組み合わせ最適化問題には、量子ゲート型ではQAOAが使われる。量子アニーリング型は名前のとおり量子アニーリングというアルゴリズムが使われる

組み合わせ数が少ない簡単な問題だと、従来式コンピューターでも現実的な時間内に解けてしまいます。歯ごたえのある問題でなければ、量子コンピューターを使う意味がないというのが悩みどころです。

Lesson 41 [量子コンピューターの使用事例⑦]

パズルと社会問題

このレッスンのポイント

最後に量子コンピューターを使ってパズルを解く試みを紹介します。量子コンピューターを使ってパズルを解くこと自体に、社会的な意味はないかもしれません。しかし、パズルの解法は社会問題の解決に応用できます。

量子コンピューターでパズルを解く

多くの研究者が挑戦しているものの1つに、「数独」や「ペントミノ」といったパズルを、量子コンピューターを使って解く試みがあります。数独は数が重ならないようにマス目を埋めていくパズル（図表41-1）、ペントミノは形が異なるピースを指定領域にはめ込むパズルです（図表41-2）。これらの解法は「色塗り分け問題」と呼ばれます（図表41-3）。

色塗り分け問題は、仕事のスケジュールを立てるといった、一定の制約下でマス目を埋めていくような社会問題に利用できます。量子コンピューターを活用して従来よりも高速にスケジュールの最適化ができれば、何から手をつければよいのかといった問題に頭を悩ませることも少なくなるはずです。

▶ 数独（ナンプレ） 図表41-1

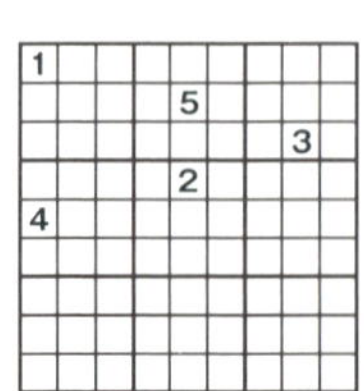

9×9の枠内に1～9の数字を入れる

▶ ペントミノ 図表41-2

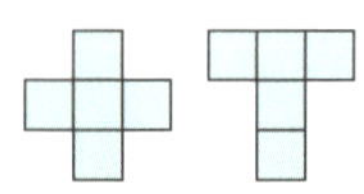

5つの正方形を組み合わせたピースをはめ込む

右ページではペントミノを解く方法を説明しているWebページを紹介しています。量子コンピューターを使って現実の問題をどう解いていくのかを知る参考になります。

▶ ペントミノを量子コンピューターで解く 図表41-3

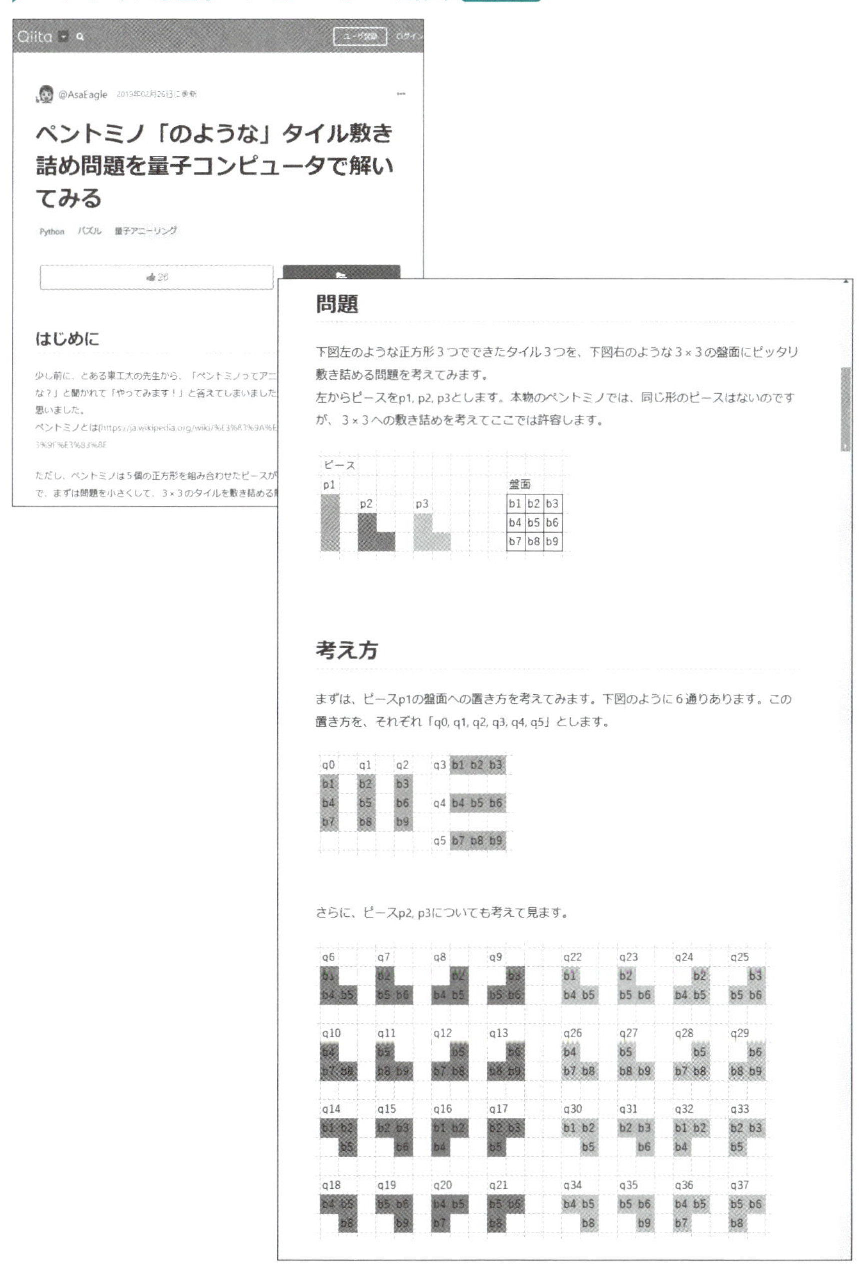

Qiita

@AsaEagle 2019年02月26日に更新

ペントミノ「のような」タイル敷き詰め問題を量子コンピュータで解いてみる

Python パズル 量子アニーリング

26

はじめに

少し前に、とある東工大の先生から、「ペントミノってアニ
な？」と聞かれて「やってみます！」と答えてしまいました
思いました。
ペントミノとは(https://ja.wikipedia.org/wiki/%E3%83%9A%E
3%9F%E3%83%8E

ただし、ペントミノは５個の正方形を組み合わせたピースが
で、まずは問題を小さくして、３×３のタイルを敷き詰める

問題

下図左のような正方形３つでできたタイル３つを、下図右のような３×３の盤面にピッタリ敷き詰める問題を考えてみます。
左からピースをp1, p2, p3とします。本物のペントミノでは、同じ形のピースはないのですが、３×３への敷き詰めを考えてここでは許容します。

考え方

まずは、ピースp1の盤面への置き方を考えてみます。下図のように６通りあります。この置き方を、それぞれ「q0, q1, q2, q3, q4, q5」とします。

さらに、ピースp2, p3についても考えて見ます。

ペントミノは正方形を組み合わせたピースを、隙間ができないように埋めていくパズル。上の記事では、3種類のピースが盤面で取り得るすべての状態を割り出し、そこから式を立てて量子アニーリングに設定できる問題としている
https://qiita.com/AsaEagle/items/5ddb63f74193babf9b7e

COLUMN

コーヒーのブレンドを量子コンピューターで最適化する

この章でも解説してきたように、量子コンピューターを実際に活用するためには、量子コンピューターでないと解けない問題を探すところからスタートする必要があります。そのため、日ごろから新聞やニュース、身のまわりの人たちとのコミュニケーションを通じて、世の中にどんな課題があるのかアンテナを張っておくことが重要です。
量子力学や量子コンピューターの仕組みばかりを研究していればよいというわけではありません。課題は思いもよらないところにあるものです。そして、最初は個人的な興味で気まぐれに試しただけだったものが、実は社会問題の解決につながったというケースもなきにしもあらずです。量子コンピューターに限りませんが、自分で枠をはめずに、とにかく興味の範囲を広げていきましょう。
ここで紹介する「コーヒーブレンド最適化」は、美味しいコーヒーを飲むという身近な題材を最適化してできるだけ楽しい時間を過ごそうという思いからはじまりました。実際にはいまある複数のコーヒー豆を利用してより美味しい組み合わせを計算する試みです。
予備実験としてドレッシングを生成するアルゴリズムが成功していたので、それを元にしてコーヒーを最適化するために新しい量子コンピューター向けのアルゴリズムを開発しました。
実際に新しい配合を通じてブレンドされたコーヒーを飲んでみると、人の先入観を超えた新しい味です。それらを人間の舌で評価することによってどんどん味が改善されていきます。量子コンピューターは莫大な評価のサンプルをできるだけ効率的に配合し、人間が飲む回数を減らしながら最適化味に近づくように計算しています。

▶ **コーヒーブレンド最適化**

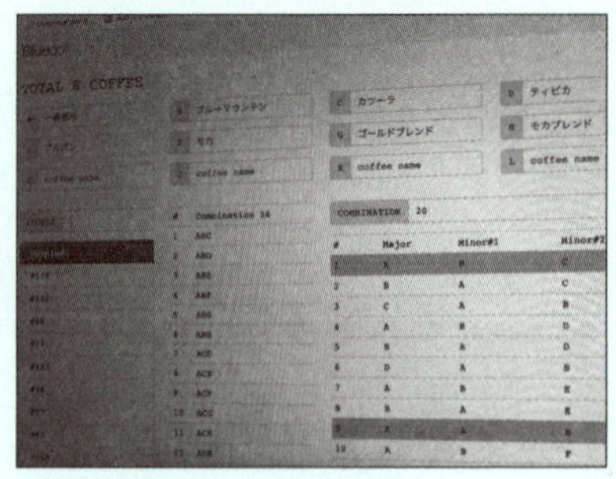

量子コンピューターが最適化した指示に従って、コーヒーをブレンドしていく
【コーヒー】続々・コーヒー最適化クラウドシステム
https://blog.mdrft.com/post/2859

Chapter

6

量子回路を作ってみよう

昔から「百聞は一見にしかず」といいます。オープンソースの量子コンピューター開発用ツールBlueqatを使って、量子コンピューターの世界を体験してみましょう。

Lesson 42 [Blueqatの紹介]

量子コンピューターを体験しよう

このレッスンのポイント

量子コンピューターをどうはじめてよいかわからないという相談をよく受けます。量子コンピューターのプログラミングは従来式と似ているところと違うところがあるため、実際に体験して慣れるところからはじめましょう。

量子コンピューターをパソコン内で体験する

ここまで量子コンピューターの仕組みや用途、未来について説明してきました。しかし、実際に触ってみないと実感できないという方もいるかもしれません。そこで第6章では量子コンピューター開発用ツールBlueqat（ブルーキャット）を使い、実際に量子コンピューターでのプログラミングを体験してみましょう（図表42-1）。Blueqatはオープンソースのプロジェクトなので無償で利用できます。 また、Pythonのライブラリなので Windowsや macOSなど多くの環境で利用できます。

▶ Blueqatドキュメントサイト 図表42-1

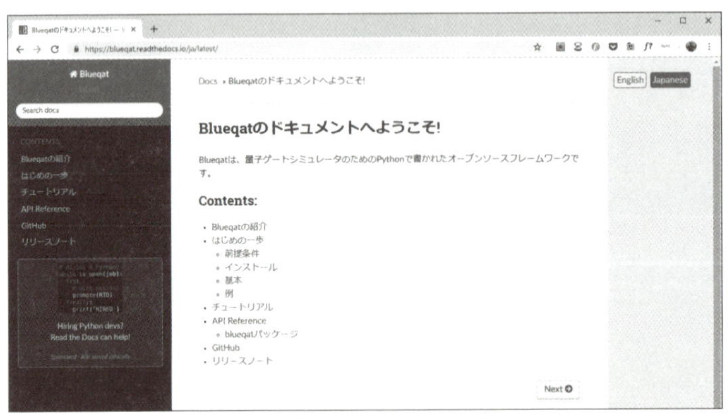

Blueqatは国産ツールなので、日本語のドキュメントが充実しているのも使いやすいポイント
https://blueqat.readthedocs.io/ja/latest/

最初はシミュレーターで小さな問題を解こう

量子コンピューター開発用のツールには、シミュレーターと呼ばれる量子コンピュータの挙動を再現する機能が搭載されているのが一般的です。シミュレーターは従来式コンピューター上で動くものなので、当然ながら量子コンピューターそのものではありません。しかし比較的小さな問題なら本物の量子コンピューターと同じ結果を出します。最初は小さな問題をシミューレーターで解き、慣れてきたら大きな問題に拡張したり、本物の量子コンピューターを活用したりしましょう。

手を動かして体験することで、量子コンピューターへの理解を深められます。

Pythonを利用して量子回路をプログラミングする

BlueqatはPython用のライブラリなので、量子回路もPythonのプログラムの形で書きます。Hゲートは「hメソッド」、CNOTゲートは「cxメソッド」、観測は「mメソッド」という具合に、回路とプログラムは1対1で対応しています（図表42-2）。以降のレッスンでは基本の「重ね合わせ」「量子もつれ」に加え、第3章で紹介した足し算回路を作成します。

▶ 量子回路をPythonのプログラムとして書く 図表42-2

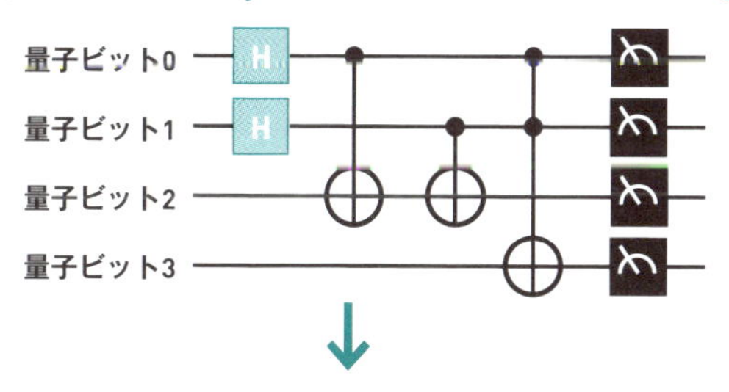


```
Circuit().h[0,1].cx[0,2].cx[1,2].ccx[0,1,3].m[:].run(shots=100)
```

Pythonのプログラムとして量子回路を入力する

Lesson 43 ［ツールの導入］

PythonとBlueqatをインストールする

このレッスンのポイント

Blueqatを利用するために、PythonとBlueqatをインストールしましょう。ここではWindowsを例に解説しますが、macOSでも利用可能です。インストールが終わったらIDLEというツールでプログラムを入力します。

○ Pythonをインストールする

BlueqatはPythonというプログラム言語のライブラリとして提供されているので、まずはパソコンにPythonを導入する必要があります。Pythonは初心者でも覚えやすいと人気のプログラミング言語で、機械学習ブームとともに急速に普及しています。

Pythonは公式サイトなどから無償でインストールできます（図表43-1）。ここではWindows版のインストール方法を解説しますが、同じサイトからmacOS版もダウンロードできます。

▶ Pythonのインストールは公式サイトから 図表43-1

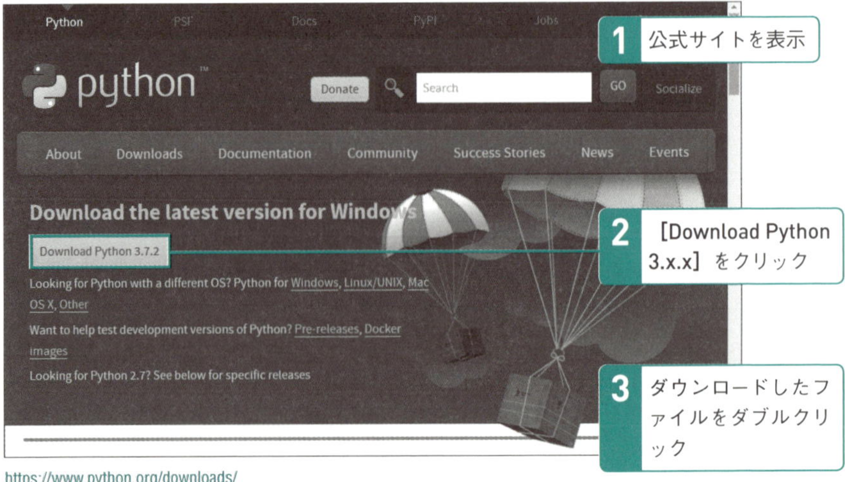

https://www.python.org/downloads/

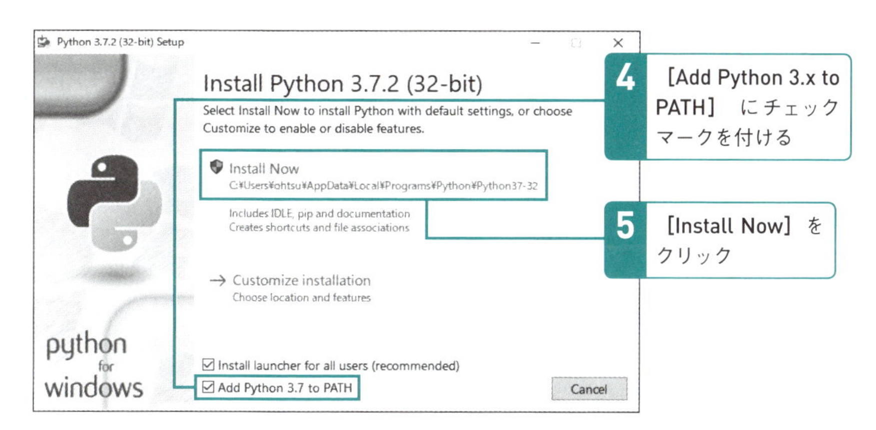

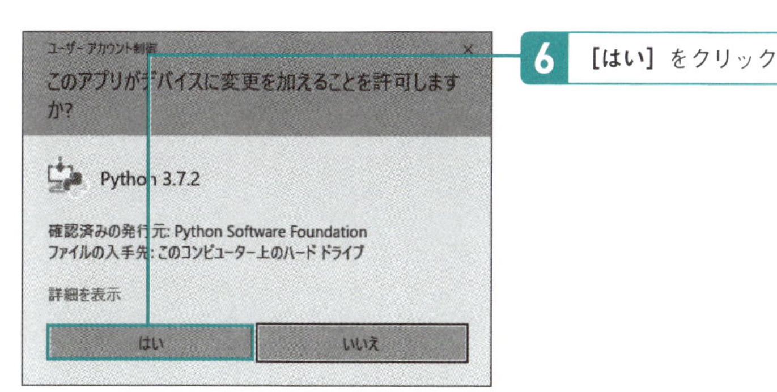

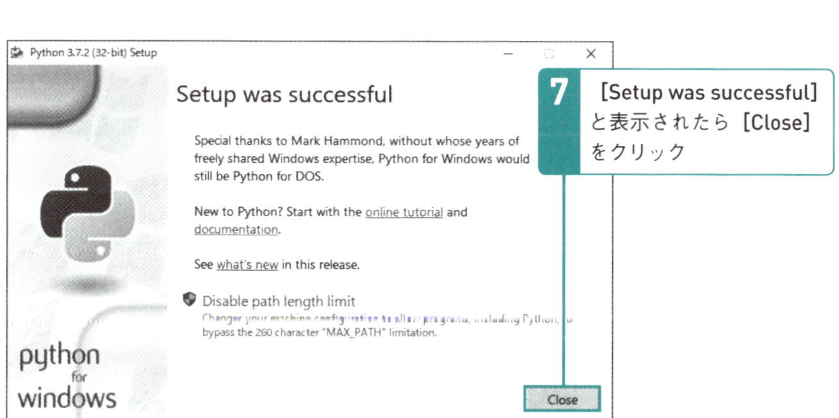

Blueqat を使うにあたって、Python の知識はそれほど必要ないので安心してください。基本的には量子回路をほぼそのままプログラムに置き換えていくだけです。

Blueqatを導入する

Pythonのインストールが完了したら、Blueqatをインストールします。Pythonではpipコマンドでライブラリをインストールします。Blueqat以外にnumpy（ナンパイ）とscipy（サイパイ）が必要です。Windowsではコマンドプロンプトを起動して図表43-2のコマンドを実行します（図表43-3）。なお、macOSは標準で古いバージョンのPythonがインストールされており、ターミナルからpipコマンドを入力すると古いものが実行されてしまいます。代わりにpip3コマンドを利用してください。

▶ 入力するコマンド 図表43-2

```
pip install blueqat
```

入力するコマンドは、スペースの有無や大文字／小文字を間違えても正しく動きません。エラーが出たらもう一度入力し直してください。

▶ ライブラリのインストール 図表43-3

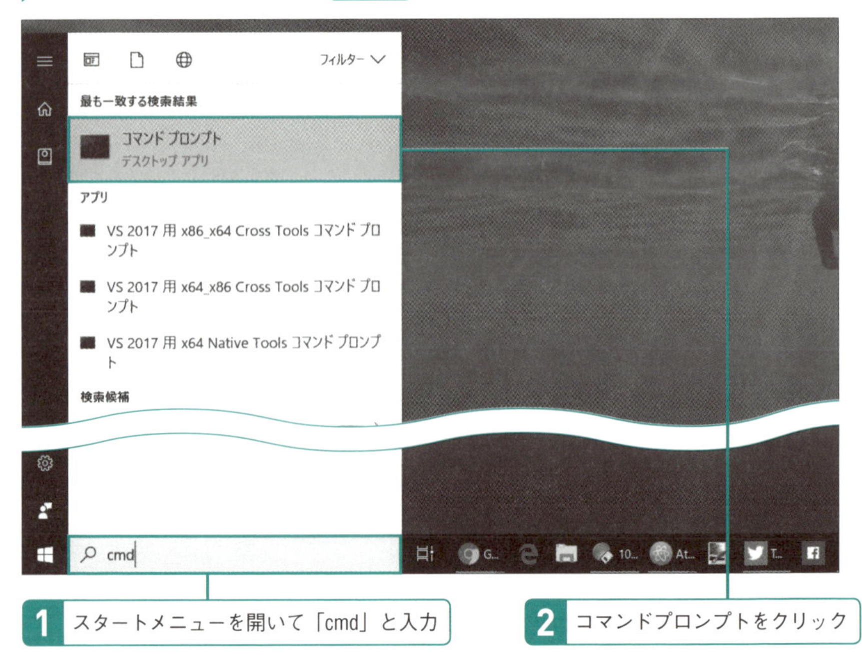

1 スタートメニューを開いて「cmd」と入力

2 コマンドプロンプトをクリック

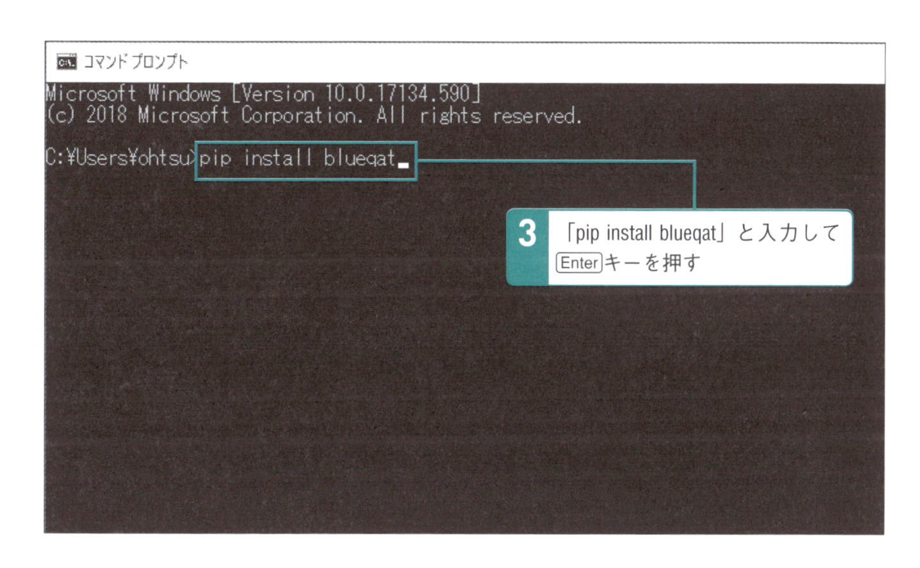

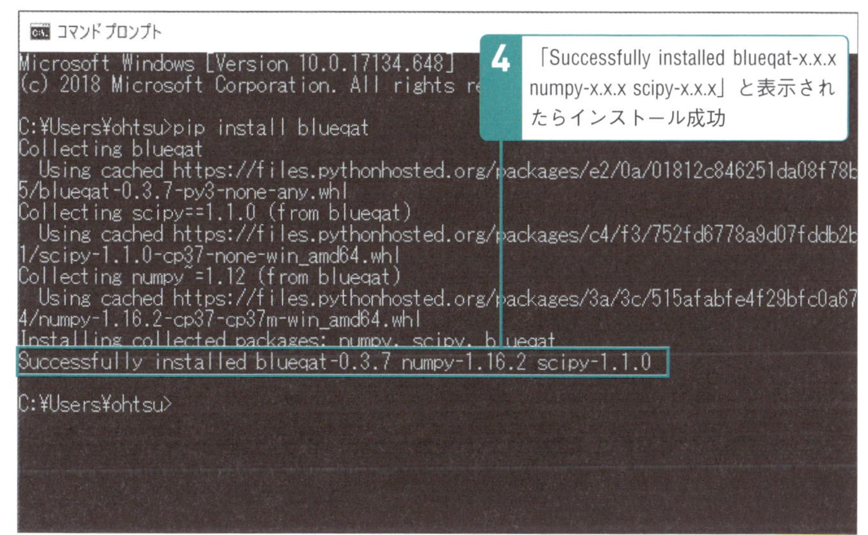

blueqat の 0.3.7 以降では numpy と scipy を自動的にインストールしてくれます。

プログラム入力ツールのIDLEを起動する

Pythonのプログラムを実行するために、Pythonに付属するIDLE（アイドル）というツールを利用します（図表43-4）。IDLEはPythonのプログラムを入力すると即座に実行できるツールです。また、プログラムファイルを書くためのエディタとしての機能も持っています。

▶ IDLEを起動する 図表43-4

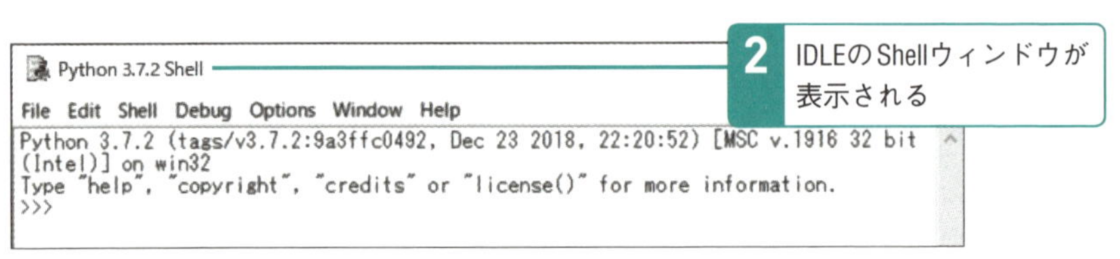

ワンポイント Pythonのプログラムファイルを作成する

IDLEのShellウィンドウに入力したプログラムは、ウィンドウを閉じると消えてしまいます。あとで繰り返し実行したい場合は、プログラムファイルに入力して保存しておきましょう。

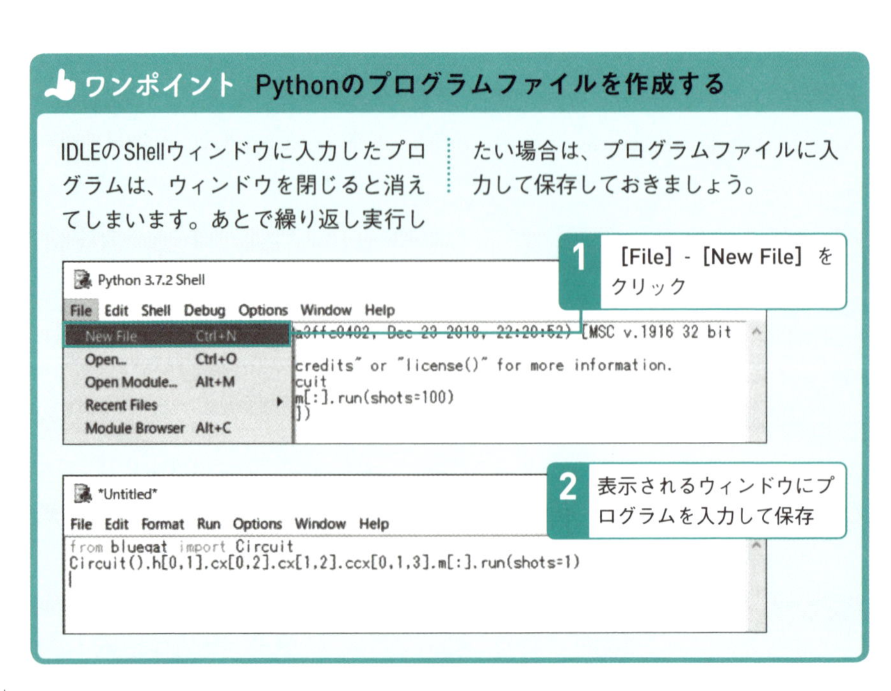

Blueqatを利用する準備を行う

Blueqatを利用するには、プログラムの先頭に図表43-5の1行を書く必要があります。これはblueqatライブラリからCircuit（サーキット）オブジェクトというものインポートするという意味です。Blueqatを利用するプログラムの先頭には必ず書かなくてはいけません。

IDLEではユーザーの入力を促す「>>>」が表示されています。これをプロンプトといい、このあとにプログラムを入力します。Blueqatのインストールが成功していれば、次の「>>>」が表示されます（図表43-6）。

▶ Circuitオブジェクトのインポート 図表43-5

```
from blueqat import Circuit
```

▶ Pythonのプログラムを入力する 図表43-6

```
*Python 3.7.2 Shell*
File Edit Shell Debug Options Window Help
Python 3.7.2 (tags/v3.7.2:9a3ffc0492, Dec 23 2018, 22:20:52) [MSC v.1916 32 bit
(Intel)] on win32
Type "help", "copyright", "credits" or "license()" for more information.
>>> from blueqat import Circuit
```

1 図表43-5 のプログラムを入力して Enter キーを押す

```
Python 3.7.2 Shell
File Edit Shell Debug Options Window Help
Python 3.7.2 (tags/v3.7.2:9a3ffc0492, Dec 23 2018, 22:20:52) [MSC v.19
(Intel)] on win32
Type "help", "copyright", "credits" or "license()" for more information.
>>> from blueqat import Circuit
>>> |
```

2 問題がなければ次の「>>>」が表示される

実行したときに赤いエラーメッセージが表示された場合は、入力ミスかインストールに失敗している可能性があります。このレッスンで説明したインストール操作を再確認してください。

Lesson 44 [Blueqatのプログラミング①]

量子ビットの重ね合わせを体験する

このレッスンのポイント

量子ビットの重ね合わせはHゲート1つで実現できるシンプルなものですが、量子回路の不思議な特性を表しています。量子回路の結果は1つではなく、確率で決まります。その不思議さを体験してください。

量子ビットの重ね合わせ

まずは一番シンプルかつ量子コンピューターの特徴を確認できる、量子ビットの重ね合わせを確認してみましょう。Hゲート（アダマールゲート）を配置すると、量子ビットが＋状態になり、0と1が約50%の確率で測定されるようになります。これが量子の重ね合わせです。

量子回路の動作は「初期化」「演算」「観測」の3ステップです。そのうち初期化はツールが自動で行ってくれるうえ、測定も「m[:]」と入力するだけでよいので、私たちが考えなければいけないのは演算の部分です（図表44-1）。

▶ 1量子ビットで重ね合わせを行う量子回路 図表44-1

量子ビット0 —H——

↓

```
Circuit().h[0].m[:].run(shots=100)
```

Hゲートを配置し（h[0]）、測定する（m[:]）

量子回路の1つの部品が、Pythonのプログラムの一部とほぼ1対1で対応しています。

量子を重ね合わせるプログラムを入力する

それでは量子コンピュータの不思議なプログラミングを体験してみましょう。意味はあとで説明するので、まずは図表44-2のプログラムをIDLEのウィンドウに入力してください。「from blueqat import Circuit」はすでに実行済みであれば再度入力する必要はありません。

間違いなく入力できていれば、「Counter({'1': 53, '0': 47})」といった結果が表示されます。これは「1」という観測結果が53回、「0」という観測結果が47回得られたという意味です。もし、この結果とは異なる数値だったとしても、おおむね近い値であるはずです。

▶ 重ね合わせのプログラム 図表44-2

```
from blueqat import Circuit
Circuit().h[0].m[:].run(shots=100)
```

▶ Pythonのプログラムを入力する 図表44-3

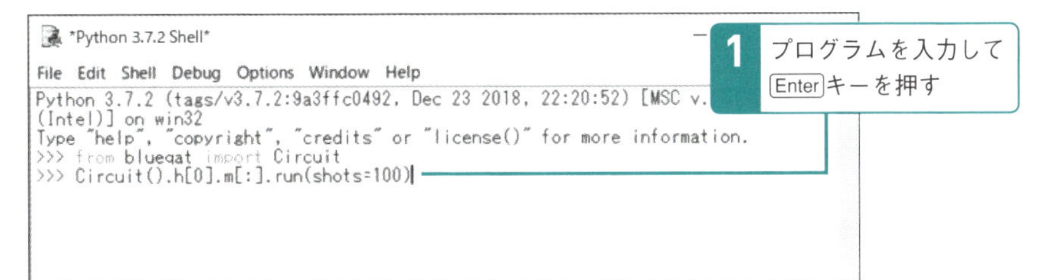


```
Python 3.7.2 Shell
File Edit Shell Debug Options Window Help
Python 3.7.2 (tags/v3.7.2:9a3ffc0492, Dec 23 2018, 22:20:52) [MSC v.1916 32 bit
(Intel)] on win32
Type "help", "copyright", "credits" or "license()" for more information.
>>> from blueqat import Circuit
>>> Circuit().h[0].m[:].run(shots=100)
Counter({'1': 53, '0': 47})
>>>
```

2 結果が表示される

細かいエラーに注意しましょう。「.」（ピリオド）と「,（カンマ）」を間違えたり、「:」（コロン）と「;」（セミコロン）を間違えたりしていませんか？

NEXT PAGE →

Circuitオブジェクトを作成する

ここからは、プログラムを少しずつ説明していきましょう。最初のCircuit()は「Circuitオブジェクトを作ります」という意味です。「Circuit」とは回路のことですね。つまりCircuitオブジェクトは量子回路を表しています。このあとに「.」(ピリオド)を書き続けて、量子ゲートを意味するものを書いていきます(図表44-4)。

▶ Circuitオブジェクトの作成 図表44-4

```
Circuit().量子ゲート
```

Hゲートを配置する

次のh[]は「Hゲートを配置する」という意味です。「[ ]」(角カッコ)の中の数値は量子ビットの順番を意味します。h[0]なら0番目の量子ビットに対してHゲートを配置します(図表44-5)。h[1]と書いた場合は1番目の量子ビットに対して配置されます。複数配置したい場合はh[0,1]のようにカンマで区切って書きます。

▶ Hゲート(アダマールゲート)の配置 図表44-5

```
Circuit().h[0]
```

▶ Hゲートの配置パターン 図表44-6

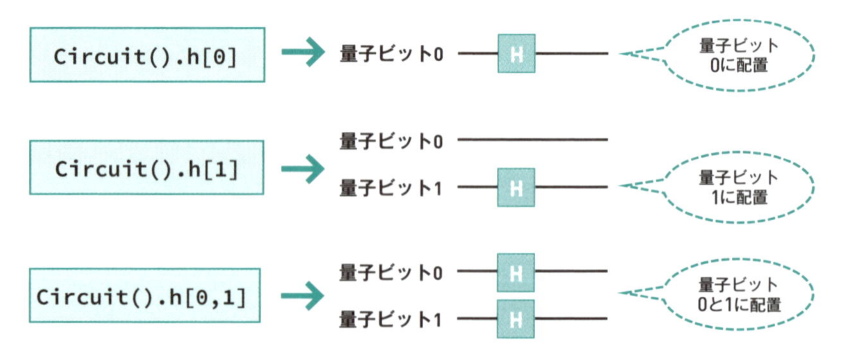

量子ビット1にHゲートを配置した場合、Hゲートを配置していない量子ビット0も出現することに注意が必要

結果を測定する

量子ビットを測定するには、m[:]を書きます。前出の図表44-1では量子回路図のメーターのアイコンで表している部分ですね。これがないと正しい結果が得られません（図表44-7）。m[0:1]のように書いて測定する量子ビットを限定することもできますが、通常は全部の量子ビットを測定するという意味のm[:]を書きます。

▶ 結果の観測 図表44-7

```
Circuit().h[0].m[:]
```

回路を実行する

最後のrun()で回路を実行し、計算結果を出します。カッコ内に書くshots=100は試行回数です。shots=1なら1回試行、shots=1000なら1000回試行します。
実行結果はCounter({'0': 501, '1': 499})という形で表示されます（図表44-9）。これは「1」が52回、「0」が48回測定されたという意味です。Hゲートによって作成した＋状態は0と1が50%の確率で出るという意味なので、多少の誤差はありますがおおむね半分ずつ測定されます。

▶ 回路の実行 図表44-8

```
Circuit().h[0].m[:].run(shots=100)
```

▶ 試行回数によって結果が変わる 図表44-9

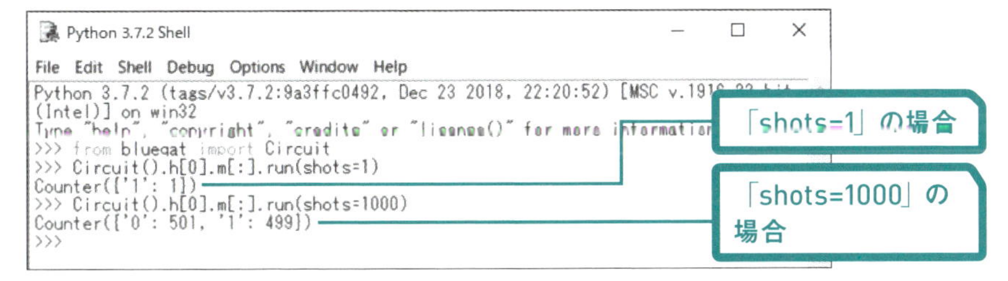

試行回数が増えるほど、50%に近い結果が出るようになります。

2量子で重ね合わせを起こす

2量子以上で重ね合わせを起こしたい場合は、各量子ビットに対してHゲートを配置します。図表44-10のようにh[0,1]とまとめて指定してもよいですし、図表44-11のようにh[0].h[1]と分けて書いても同じ結果になります。このような回路ではどんな結果が出るのでしょうか？

▶ 2量子ビットで重ね合わせを行う量子回路1 図表44-10

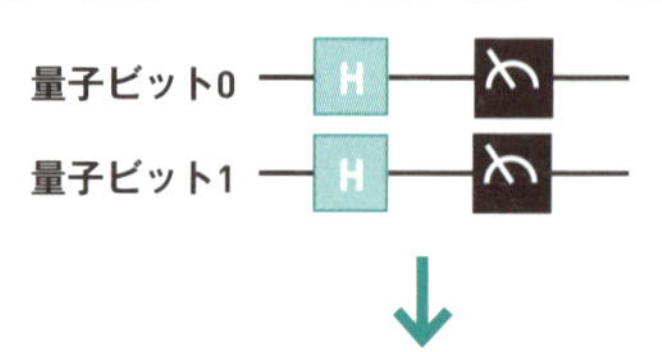


```
Circuit().h[0,1].m[:].run(shots=100)
```

量子ビット0と量子ビット1それぞれにHゲートを適用する場合は「h[0,1]」と入力する

▶ 2量子ビットで重ね合わせを行う量子回路2 図表44-11

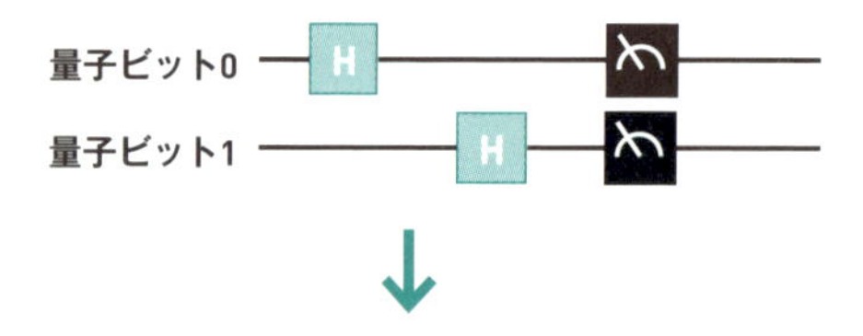


```
Circuit().h[0].h[1].m[:].run(shots=100)
```

「h[0].h[1]」のように指定しても量子ビット0と量子ビット1それぞれにHゲートを適用できる

量子の重ね合わせを体験すると、従来式のコンピューターと量子コンピューターの違いが少しわかってくると思います。

2量子の重ね合わせプログラムを入力する

それではIDLEのShellウィンドウに図表44-12のプログラムを入力してみましょう。実行結果はCounter({'00': 37, '10': 23, '11': 21, '01': 19})のように表示されます。100回の試行では少しバラツキが出ますが、試行回数を増やすと「00」「01」「10」「11」が25%の確率で出るようになります（図表44-13）。それぞれの量子ビットが50%の確率で「0」と「1」になるので、2つ組み合わせると25%の確率で4通りの結果が出るようになるわけです。

▶ 2量子の重ね合わせプログラム 図表44-12

```
Circuit().h[0,1].m[:].run(shots=100)
```

▶ Pythonのプログラムを入力する 図表44-13

```
Python 3.7.2 Shell
File Edit Shell Debug Options Window Help
Python 3.7.2 (tags/v3.7.2:9a3ffc0492, Dec 23 2018, 22:20:52) [MSC v.
(Intel)] on win32
Type "help", "copyright", "credits" or "license()" for more information.
>>> from blueqat import Circuit
>>> Circuit().h[0,1].m[:].run(shots=100)
```

1 プログラムを入力して Enter キーを押す

```
Python 3.7.2 Shell
File Edit Shell Debug Options Window Help
Python 3.7.2 (tags/v3.7.2:9a3ffc0492, Dec 23 2018, 22:20:52) [MSC v.1916 32 bit
(Intel)] on win32
Type "help", "copyright", "credits" or "license()" for more information.
>>> from blueqat import Circuit
>>> Circuit().h[0,1].m[:].run(shots=100)
Counter({'00': 37, '10': 23, '11': 21, '01': 19})
>>>
```

2 結果が表示される

さらにビットを増やしてどんな結果が出るか確認してみましょう。

Lesson 45 [Blueqatのプログラミング②]

量子もつれを体験する

このレッスンのポイント

量子もつれは言葉の説明だけを聞いていると魔法のように感じられます。しかし、実際にプログラムとして動かしてみると、決して不思議なだけの現象ではないことが理解できるはずです。

量子のもつれを量子回路で表す

量子もつれは、複数の量子ビットが関連付けられた状態です。2つの量子ビットの情報をもつれさせると、片方が0の場合には必ずもう片方も0、片方が1のときはもう片方も1になります。
2量子ビットのもつれは、Hゲート1つとCNOTゲート1つで実現できます（図表45-1）。

この量子回路の観測結果は約50%の確率で「00」か「11」になります。本来は重ね合わせの性質だけでは、「00」と「01」と「10」と「11」の4通りの答えが考えられます。もつれを使って情報を共有することで「00」と「11」のみを答えにするなど、関連性を持たせることができます。

▶ 2量子ビットで量子もつれを行う量子回路 図表45-1

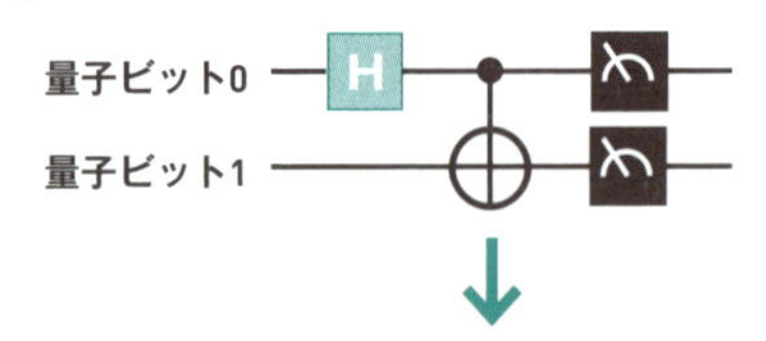


```
Circuit().h[0].cx[0,1].m[:].run(shots=100)
```

Hゲートに続けて入力された「cx[0,1]」がCNOTゲート

量子もつれは「量子テレポーテーション」という不思議な現象にも応用できる原理です。

量子もつれのプログラムを入力する

それでは実際に、量子もつれのプログラムを入力してみましょう。先ほどの重ね合わせのプログラムとほとんど同じですが、cx[0,1]が追加されています（図表45-2）。これがCNOTゲートとなります。角カッコ内に「コントロールビット, ターゲットビット」の順で指定するので、cx[0,1]ではコントロールビットが0に、ターゲットビットが1になります。

プログラムの結果はCounter({'11':52, '00':48})のようになります（図表45-3）。これは11が52回、00が48回観測されたという意味です。皆さんの実行結果と回数は微妙に異なるかもしれませんが、おおむね半々で表示されることが確認できると思います。

▶ 量子もつれのプログラム 図表45-2

```
from blueqat import Circuit
Circuit().h[0].cx[0,1].m[:].run(shots=100)
```

▶ Pythonのプログラムを入力する 図表45-3

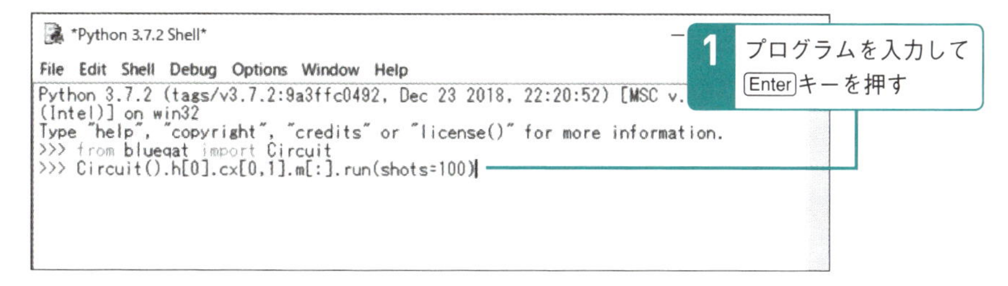


```
Python 3.7.2 Shell
File Edit Shell Debug Options Window Help
Python 3.7.2 (tags/v3.7.2:9a3ffc0492, Dec 23 2018, 22:20:52) [MSC v.1916 32 bit
(Intel)] on win32
Type "help", "copyright", "credits" or "license()" for more information.
>>> from blueqat import Circuit
>>> Circuit().h[0].cx[0,1].m[:].run(shots=100)
Counter({'11': 52, '00': 48})
>>>
```

2 結果が表示される

「00」と「11」しか表示されていませんね。

Lesson 46

[Blueqatのプログラミング③]

足し算回路のプログラミング

このレッスンのポイント

重ね合わせやもつれは量子回路の基礎です。最後にちょっとした応用として、第3章で説明した足し算を行う量子回路を作ってみます。第3章を読み返して、どういう仕組みで足し算が行われるのか先に確認しておきましょう。

足し算の量子回路

最後に第3章で紹介した足し算を行う量子回路を作ってみましょう（図表46-1）。足し算回路は、CNOT回路2つとトフォリゲート回路1つを組み合わせて作成します。

ただし、量子ビットは初期状態では|0>なので、そのままだと0＋0の計算しかできません。そこで今回はHゲートを2つ追加し、「0+0」「0+1」「1+0」「1+1」の4通りの計算が同時に行われるようにします。

▶ 足し算の量子回路 図表46-01

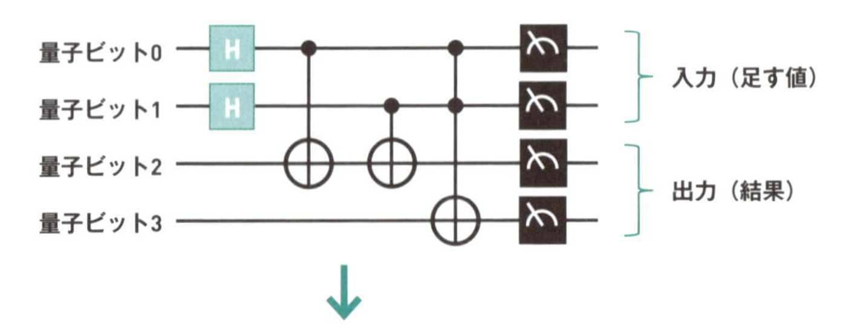


```
Circuit().h[0,1].cx[0,2].cx[1,2].ccx[0,1,3].m[:].run(shots=100)
```

Hゲート、CNOTゲートに続けて入力された「ccx[0,1,3]」がトフォリゲート

上の２量子ビットは入力、下の２量子ビットが出力です。

2つのCNOTゲートを配置する

今回のプログラムではCNOTゲートを2つ配置し、「最下位ビットの足し算」を行わせます。1つは量子ビット0に、もう1つは量子ビット1にコントロールビットを配置し、ターゲットビットはどちらも量子ビット2に配置します（図表46-2）。これで、量子ビット0と1のどちらかのみが1のときに、量子ビット2が1になります。「0+1」か「1+0」のときに1、「0+0」か「1+1」のときは0です。

▶ CNOTゲートの配置 図表46-2

```
Circuit().h[0,1].cx[0,2].cx[1,2]
```

トフォリゲートを配置する

「出力の2番目のビットの処理（桁上がり）」のためにトフォリゲートを配置します。トフォリゲートはコントロールビットを2つ持ち、両方が1のときだけターゲットビットを反転するゲートです。今回のプログラムでは「1+1」のときだけ、量子ビット3が1になるように配置します。CNOTゲートはcx[]でしたが、トフォリゲートを配置するにはccx[]と書きます（図表46-3）。角カッコ内の指定順は「コントロールビット,コントロールビット,ターゲットビット」です。

▶ トリフォゲートの配置 図表46-3

```
Circuit().h[0,1].cx[0,2].cx[1,2].ccx[0,1,3]
```

コントロールビットが1つだからcx[]、コントロールビットが2つだからccx[]と覚えましょう。

足し算のプログラムを入力する

それでは図表46-4のような足し算のプログラムを入力していきましょう。今回は試行回数を1回にしてみます（図表46-5）。試行回数1回だと実行するたびに結果は変わります。

「Counter({'1101':1})」という結果が出た場合、「1101」は量子ビット0〜3を表すので、「1+1」を計算して「10（10進数の2）」になったという意味になります（図表46-6）。

▶ 足し算のプログラム1 図表46-4

```
from blueqat import Circuit
Circuit().h[0,1].cx[0,2].cx[1,2].ccx[0,1,3].m[:].
run(shots=1)
```

▶ Pythonのプログラムを入力する 図表46-5

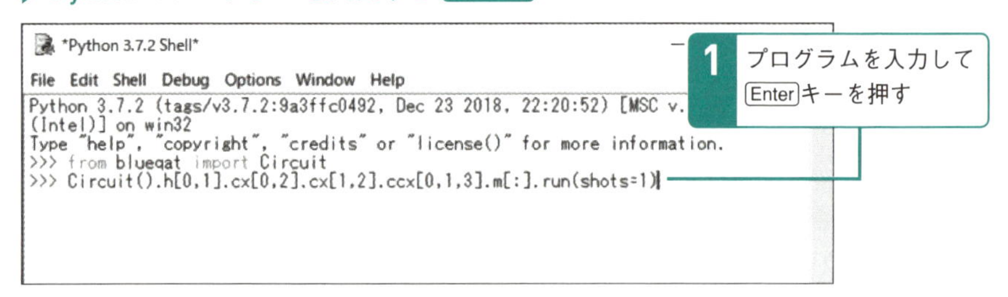

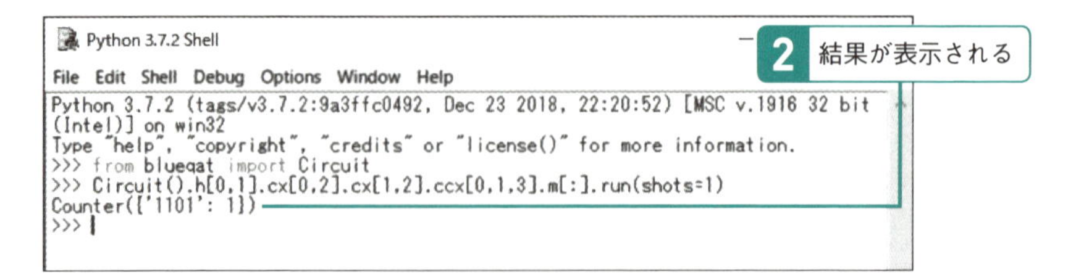

▶ 足し算の結果の読み方 図表46-6

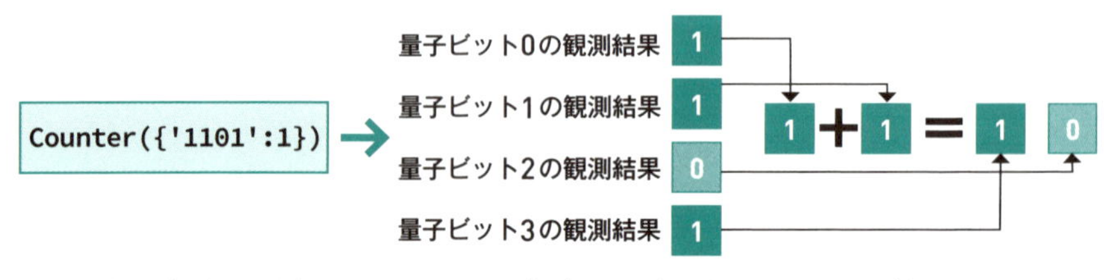

1101の最初の「11」が入力側の量子ビット0と1、「01」が出力側の量子ビット3と2の値となる

試行回数を100回に増やす

プログラムの最後をrun(shots=100)に変更して実行してみましょう（図表46-7）。試行回数を増やすと「0+0」「0+1」「1+0」「1+1」の4とおりの足し算が行われるようになります（図表46-8）。重ね合わせで足す値を作っているので、25%の確率で結果が出るようになります。

▶ 足し算のプログラム2 図表46-7

```
from blueqat import Circuit
Circuit().h[0,1].cx[0,2].cx[1,2].ccx[0,1,3].m[:].
run(shots=100)
```

▶ 試行回数を100回に増やす 図表46-8

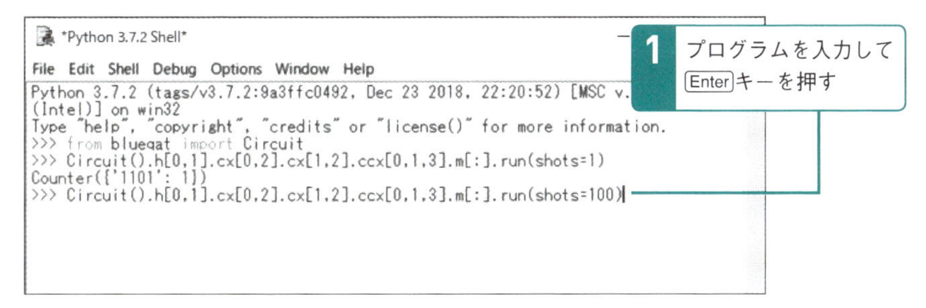

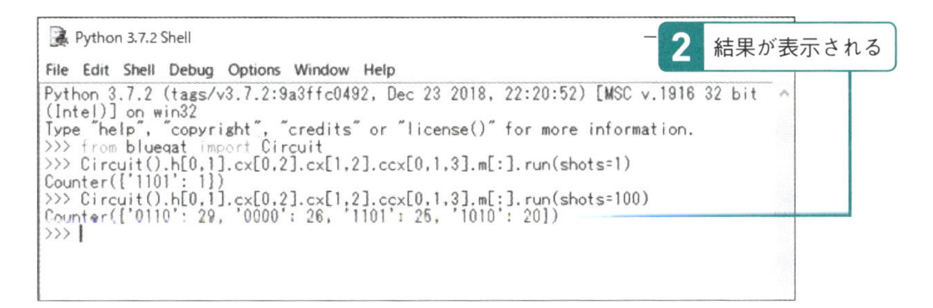

このように量子コンピューターの結果には確率がつきものです。従来式のプログラミングと違う不思議さを感じてもらえましたか？

COLUMN

さらなる量子プログラミングの世界へ

第6章では、Blueqat入門ということで「重ね合わせ」「もつれ」「足し算」の3種類のプログラムを実装してみました。もちろんもっと実践的で複雑なプログラムを実行することも可能です。筆者もBlueqatを利用したさまざまな記事をブログなどで公開しています（図表46-9）。Blueqatはシミュレーターなので、現在のハードウェアでは不可能なアルゴリズムも実行することが可能です。ぜひ挑戦してみてください。

▶ MDRブログ 図表46-9

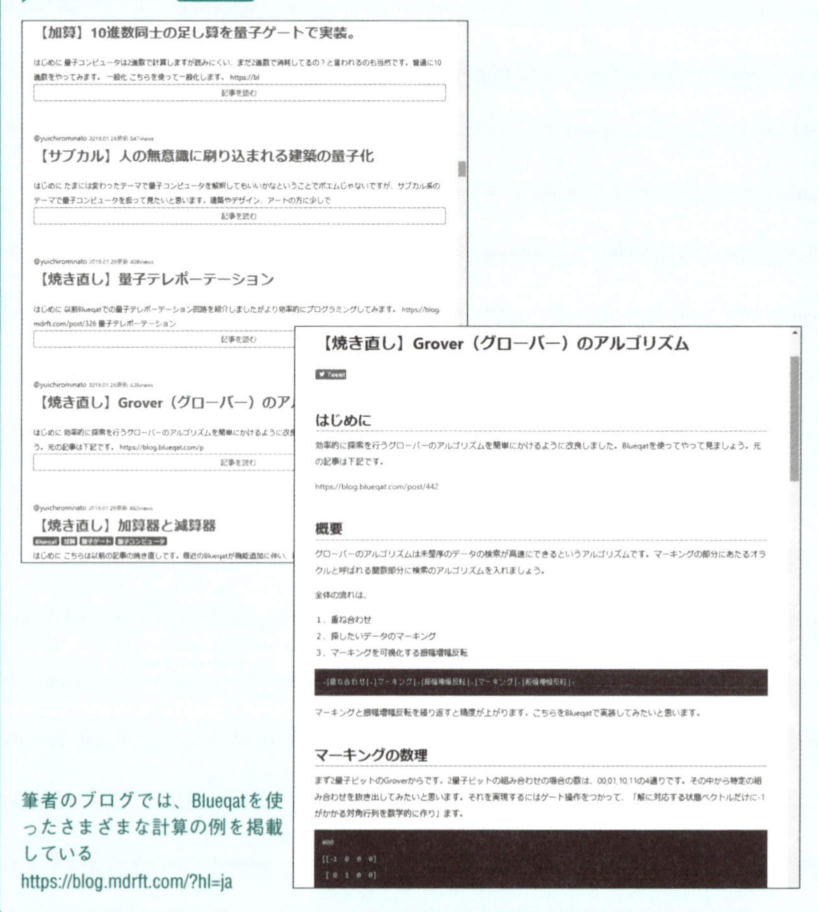

筆者のブログでは、Blueqatを使ったさまざまな計算の例を掲載している
https://blog.mdrft.com/?hl=ja

Chapter

7

量子アニーリングの原理と使い方

量子アニーリング型量子コンピューターは、これまで説明してきた量子ゲート型と平行して開発が進められています。仕組みが異なるだけでなく、同じ用語でも指す意味が異なる場合があるので、概要を頭に入れておきましょう。

Lesson 47

[量子アニーリング]

量子アニーリングとは？

このレッスンのポイント

量子アニーリング型は、量子ゲート型と並ぶ代表的な量子コンピューターの方式で、現在の量子コンピューターはそのどちらかに属します。ここでは量子アニーリングがどんなものなのかをご紹介します。

量子アニーリングとは？

「量子アニーリング」とは、量子の性質を利用して主に組み合わせ最適化問題を解くためのアルゴリズムです。量子アニーリングに特化して設計された量子コンピューターを「量子アニーリング型量子コンピューター」（量子アニーリングマシン）と呼びます。アニーリング（annealing）は「焼きなまし」という意味で、金属の加工処理の一種です。金属を熱してからゆっくり冷やすことで、金属内部のひずみが取り省かれる現象があり、最適化アルゴリズムに応用されています。量子アニーリングは、量子効果を使用してこのアニーリングを行うものです。量子ビットにさまざまな条件を設定して、時間をかけて重ね合わせを解くと量子状態が確定し、やがて到達した状態が問題の解を表すとされます（図表47-1）。

▶ 量子アニーリングのイメージ 図表47-1

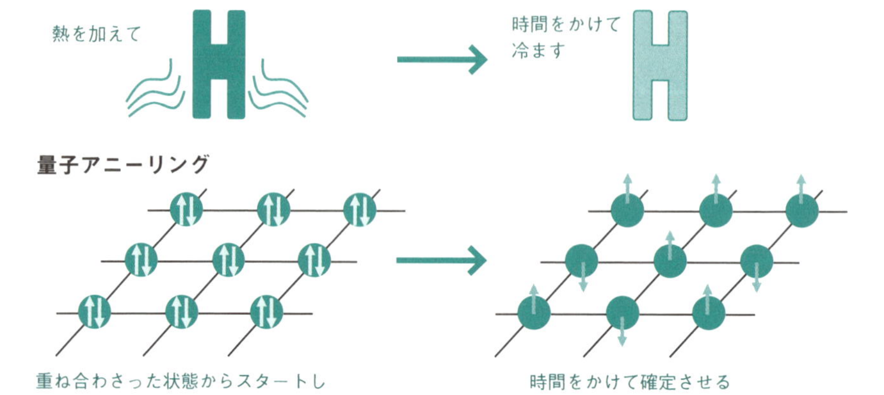

量子を利用して組み合わせ最適化問題を解く

量子効果を活用して組み合わせ最適化問題を解くためには、「イジングモデル」と呼ばれるモデルに問題を設定する必要があります。そのためには、イジングモデル、またはQUBO（Quadratic Unconstrained Binary Optimization＝二次非制約二項最適化問題）という数式を作成し、それを量子コンピューターで処理して答えを出します（図表47-2）。量子アニーリング型には、量子ゲート型の量子回路に相当するプログラム的なものはないため、問題をどうイジングモデルやQUBOに落とし込むかがポイントです。

▶ 量子アニーリングで問題を解く手順 図表47-2

重み付きグラフ

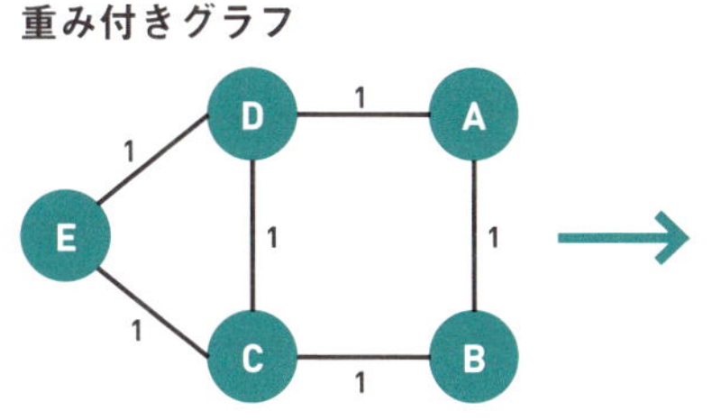

イジングモデルまたはQUBO

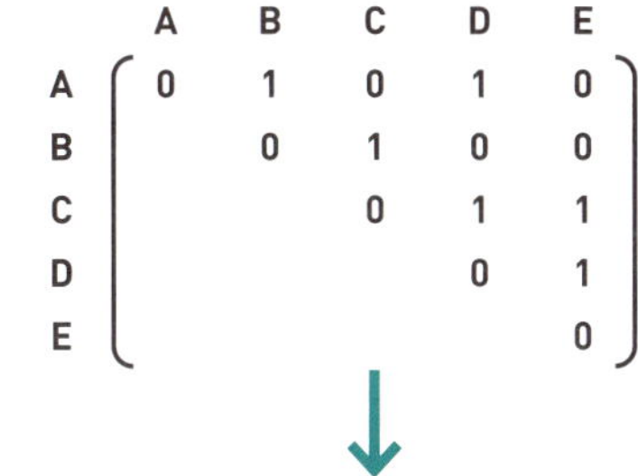

	A	B	C	D	E
A	0	1	0	1	0
B		0	1	0	0
C			0	1	1
D				0	1
E					0

プログラム

```
from wildqat import *
a = opt()
a.J= [
[0,1,0,1,0],
[0,0,1,0,0],
[0,0,0,1,1],
[0,0,0,0,1],
[0,0,0,0,0]
]
a.run()

#-> [0, 1, 0, 1, 0]
```

問題を重み付きグラフやイジングモデル、QUBOなどに落とし込み、あとは量子アニーリングマシンに掛ければ答えが出る

量子回路に相当するプログラムはありません。初期設定の配列を作成したら、それを量子コンピューターに与え、答えが出るのを待ちます。

Lesson 48 [トンネル効果]

量子アニーリング型のメリット

このレッスンのポイント

量子アニーリング型のメリットも、基本的には従来式コンピューターでは現実的な時間内では解けない問題が短時間で解けるという「高速性」です。ただし、高速性を実現するために利用する原理が異なります。

量子アニーリングとトンネル効果

量子アニーリングでは、「トンネル効果」と呼ばれる量子の性質を利用します。解きたい問題をグラフで表した場合、従来式コンピューターではグラフをなぞるように計算していくしかないので、非常に時間がかかってしまいます。このような場合でも、量子アニーリングのトンネル効果を利用した方法を使えば、グラフをすり抜けて効率的に最適解にたどり着くことができます（図表48-1）。

▶ トンネル効果を利用して最適解を探索する 図表48-1

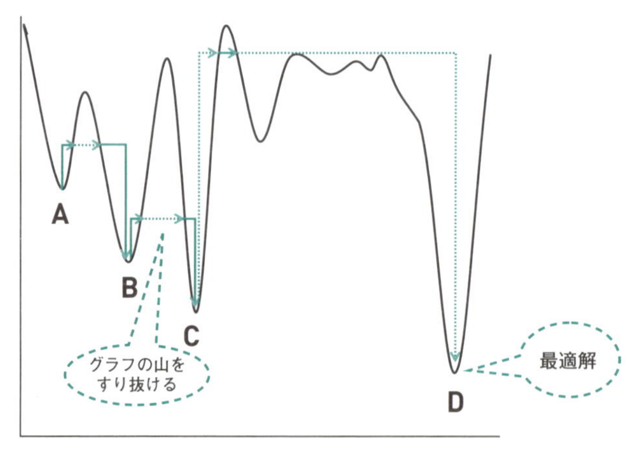

グラフをすり抜けて最適解に到達する。やり方は違うが目的はゲート型のVQE（レッスン32）と同じ

Google とNASAの一億倍高速論文

量子アニーリングが流行したきっかけは、2015年の暮れにGoogleとNASAが共同で行った発表です。カナダのD-Wave社が開発した量子アニーリングマシンと既存計算機を比較した結果、最大で1億倍も高速になったという内容でした（図表48-2）。これまでの計算機が苦手な問題も、量子アニーリングマシンを活用すれば、高速化が可能であるということを示しました。これをきっかけとして、世界中で量子コンピューターや量子アニーリングが流行し、多くの研究開発が進みました。

▶ Google AI BLOGの記事 図表48-2

When can Quantum Annealing win?

Tuesday, December 8, 2015

Posted by Hartmut Neven, Director of Engineering

During the last two years, the Google Quantum AI team has made progress in understanding the physics governing quantum annealers. We recently applied these new insights to construct proof-of-principle optimization problems and programmed these into the D-Wave 2X quantum annealer that Google operates jointly with NASA. The problems were designed to demonstrate that quantum annealing can offer runtime advantages for hard optimization problems characterized by rugged energy landscapes.

We found that for problem instances involving nearly 1000 binary variables, quantum annealing significantly outperforms its classical counterpart, simulated annealing. It is more than 10^8 times faster than simulated annealing running on a single core. We also compared the quantum hardware to another algorithm called Quantum Monte Carlo. This is a method designed to emulate the behavior of quantum systems, but it runs on conventional processors. While the scaling with size between these two methods is comparable, they are again separated by a large factor sometimes as high as 10^8.

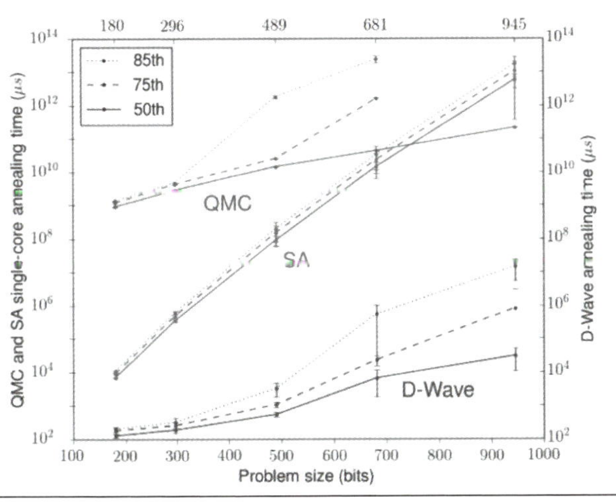

グラフのSAは熱をシミュレートする「シミュレーテッドアニーリング」、QMCは磁力を利用する「量子モンテカルロ法」。横軸は問題の大きさ、左右の縦軸は解くためにかかる時間を表しており、ほかの方法に比べてD-Waveが高速に問題を解けることがわかる
https://ai.googleblog.com/2015/12/when-can-quantum-annealing-win.html

Lesson 49 [実例・応用例]

量子アニーリングの使い道

このレッスンのポイント

量子アニーリングにはすでに多くの実用例があります。それらの実用例から自分の解きたい問題に類似したものを選べば、効率よく学んでいくことができます。このレッスンでは、画像解析やルートの最適化などの実例を紹介します。

量子アニーリングで解ける問題

量子アニーリングは組み合わせ最適化問題のためのアルゴリズムなので、「何と何を組み合わせれば最大の利益を得られるか」「どのルートを通れば最短でゴールに到達できるか」といった組み合わせ問題に用いられるのが一般的です。しかし量子アニーリングマシンの仕組みを理解していれば、図表49-1の航空写真解析のような画像解析などに応用することもできます。

▶ 量子アニーリングによる航空写真解析の記事 図表49-1

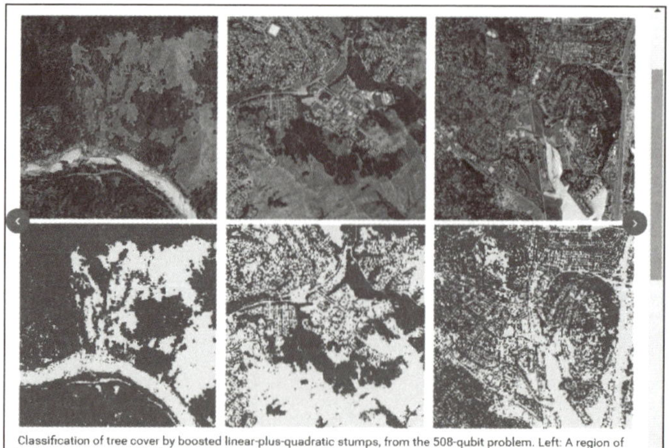

Classification of tree cover by boosted linear-plus-quadratic stumps, from the 508-qubit problem. Left: A region of broken tree cover outside the town of Blocksburg, CA. Middle: Saint Mary's College of California. Right: The city of Mill Valley, CA. doi:10.1371/journal.pone.0172505.g007

https://www.researchgate.net/figure/Classification-of-tree-cover-by-boosted-linear-plus-quadratic-stumps-from-the-508-qubit_fig7_314107982

航空写真解析は組み合わせ最適化問題ではないが、量子アニーリングマシンで解くこともできる

交通問題の解決

量子アニーリングマシンの活用が最も期待されている分野は、渋滞や混雑の解消、配送ルートの最適化といった交通問題です。たとえば、交通状態をイジングモデルに置き換えて混雑を解消する試みがあります（図表49-2）。量子アニーリングマシンに収まらない問題も、量子コンピューターと既存コンピューターをハイブリッドで活用することで解決を目指しています。

▶ 量子アニーリングによる混雑しないルートを探す 図表49-2

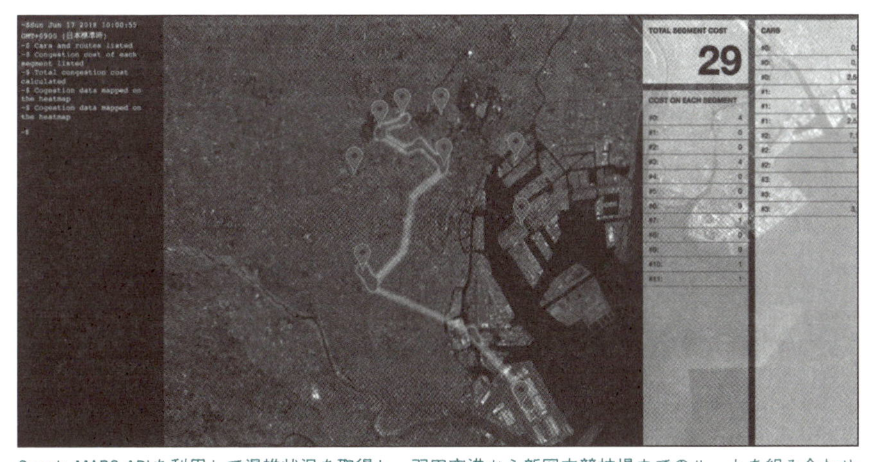

Google MAPS APIを利用して混雑状況を取得し、羽田空港から新国立競技場までのルートを組み合わせ最適化問題として解いていく
https://blog.mdrft.com/post/183

金融における組み合わせ最適化計算

金融には多くの組み合わせ最適化計算があります。最適な株式の組み合わせで利益を確保したり、最適なルートで最大利益を求めたりするなど、さまざまな金融計算において量子アニーリングの活用が検討されています。

そのほかに第5章で挙げた組み合わせ最適化問題は量子アニーリングの対象になります。

Lesson 50 [イジングモデル]

量子ビットとイジングモデル

このレッスンのポイント

量子アニーリング型における量子ビットは、その概念が量子ゲート型とは大きく異なります。ここでは、量子ゲート型で覚えたことはいったん忘れて、同じ用語でも異なるものと考えて読み進めてください。

量子アニーリング型の量子ビット

すでに量子ゲート型の量子ビットを紹介しましたが、量子ビットは量子アニーリング型でも使われます。ただし、その構造や扱いはかなり異なります。量子アニーリング型の量子ビットは、重ね合わせ状態からスタートして、+1と-1のどちらかの状態に変化するという、比較的シンプルなものです（図表50-1）。最終的な答えは量子ビットから得られますが、重要なのは問題の条件を設定するイジングモデルです。

▶ 量子ビットの+1と-1 図表50-1

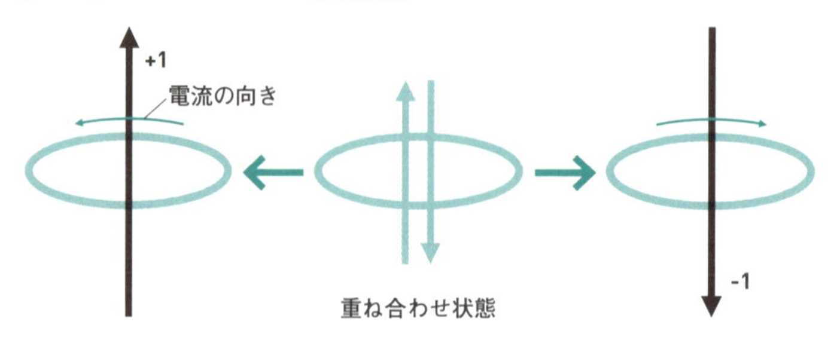

量子ビットを流れる電流の向きで+1と-1を表す

量子アニーリング型では量子ビットを細かく操作することはありません。+1 か -1 のどちらかで確定するのを待つのみです。

イジングモデルと接続数

量子アニーリングでは、量子ビット同士をつないだネットワークによってイジングモデルを構築します（図表50-2）。イジングモデルは物理学のモデルの1つで、多数の分子からなる気体や液体などの状態を表すために使われます。「多数の分子」にあたるものが量子ビットというわけです。イジングモデルでは、隣接する量子ビットが互いに影響を与え合い、基底状態を目指して変化していきます。

イジングモデルは量子ビット同士をつなげる接続数が重視され、１つの量子ビットからほかの量子ビットへの接続が多いほどよいといわれています。D-Wave社の量子アニーリングマシンは「キメラグラフ」と呼ばれる特殊な接続を利用し、1つの量子ビットから最大で6つの量子ビットへの接続が実現されています。次世代のD-Wave社のマシンでは、「ペガサスグラフ」と呼ばれる1量子ビットから最大で15の量子ビットへの接続が可能です。

▶ さまざまなイジングモデル 図表50-2

1次元古典系イジングモデル

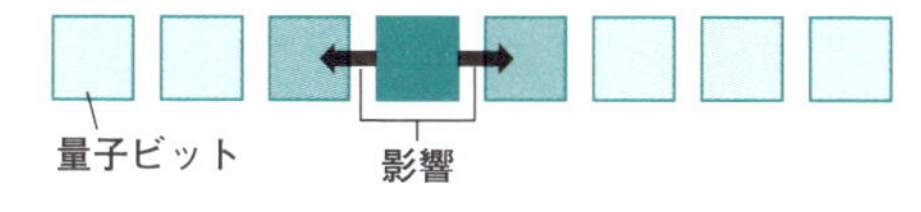

・2次元古典系イジングモデル

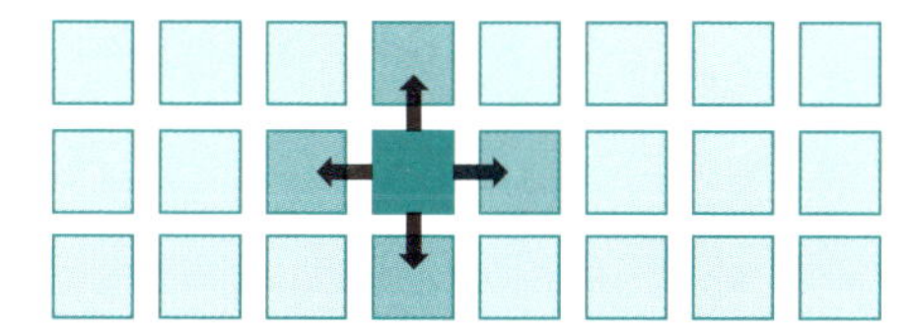

1次元、2次元の古典系イジングモデルでは、2または4の接続しかない。D Waveではより複雑な接続を実現している

D-Wave キメラグラフ型イジングモデル

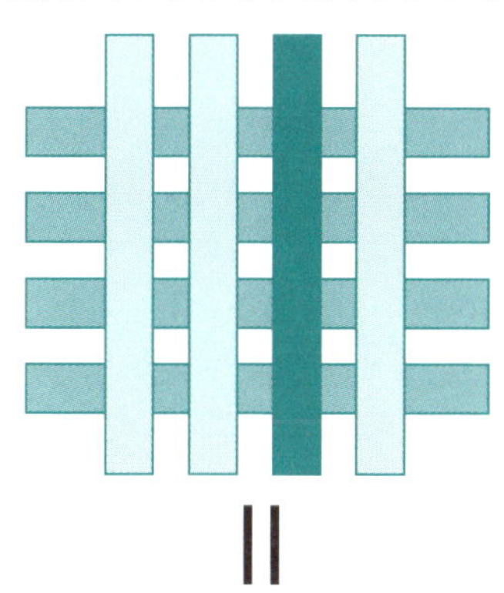

キメラグラフを別の形で表現したもの

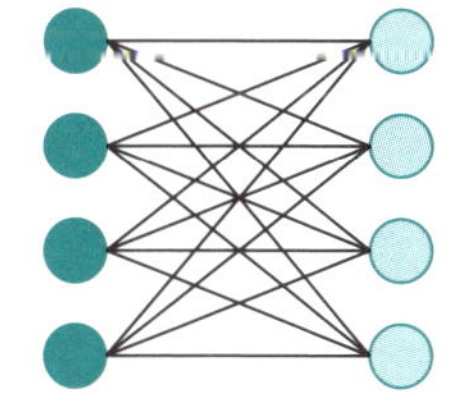

キメラグラフ型では量子ビットを縦長にレイアウトすることで、ほかの量子ビットとの接続を増やしています。

Lesson [最小エネルギーとは]

51 量子アニーリングの基本的な考え方

このレッスンのポイント

量子アニーリングでは、量子コンピューターに与える問題の作成が最も重要です。ここでは量子ビットとその接続に与える問題設定値について説明します。大まかに理解したら、次のレッスンで実際に試してみましょう。

解きたい問題を最小値問題に落とし込む

量子ゲート型と違い、量子アニーリング型では量子コンピューター向けのプログラムを組むことはありません。解きたい問題をイジングモデル（QUBO）に落とし込むことさえできれば、あとは実行するだけです。つまり、そこが最も重要な部分だといえます。解きたい問題を最小値問題に落とし込み、式が最小になったときに、問題が解けているように条件を設定してあげます。

図表51-1は量子アニーリングにおける2つの量子ビットを図示したものです。量子ビットをqi、qj、単体の量子ビット上の作用をhi、hj、量子ビット間の相互作用Jijと表します。これらの設定値の総和がエネルギーとなります。これが最小となるときに問題が解けるようにします。

▶ エネルギーを考える 図表51-1

$$E = sum(hi*qi)+sum(Jij*qi*qj)$$

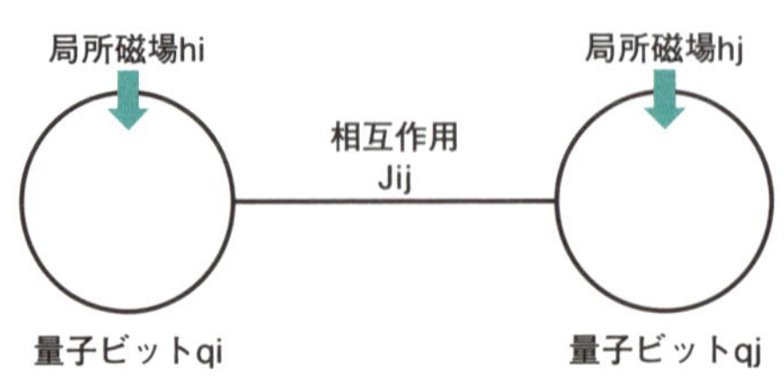

量子ビットの状態を操作するために、局所磁場（単体の作用）と相互作用を設定する

論文によっては数式の＋が－になっていることもありますが、作用の強さを正で表すか負で表すかの違いであり、同じことです

問題設定値の基本的な考え方

量子アニーリングにおける問題設定値の考え方の基本を説明していきましょう。量子ビットqi、qjの2つがある場合、それぞれは-1か+1になるので、取り得る答えは「-1, -1」「-1, 1」「1, -1」「1, 1」の4通りとなります（図表51-2）。

図表51-3に示すように、量子ビットqi、qjは直接操作できないので、局所磁場h1、hjによって設定します。局所磁場が-1のとき量子ビットは+1に、局所磁場が1のとき量子ビットは-1になりやすくなります。また、相互作用Jijに+1を設定すると隣接する量子ビットが異なる値になりやすくなり、Jijに-1を設定すると同じ値になりやすくなります。

▶ 取り得る答え 図表51-2

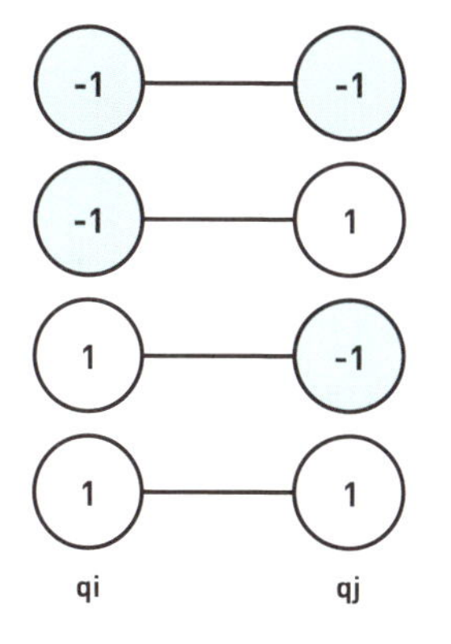

量子ビットがqiとqjの2つの場合、取り得る答えは上の4パターンになる

▶ 問題設定値の法則 図表51-3

相互作用に+1をかけると隣接同士が異なる値になりやすくなる

相互作用に-1をかけると隣接同士が同じ値になりやすくなる

局所磁場+1をかけると量子ビットは-1に、
局所磁場-1をかけると量子ビットは+1になりやすくなる

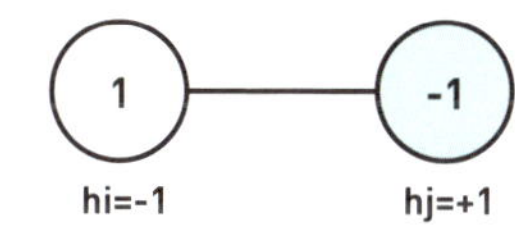

量子ビットのエネルギーはhi*qiなので、局所磁場hi=-1と設定すると、量子ビットqi=1であればエネルギーは-1、qi=-1であれば1となる。-1の方がエネルギーが低いため、qiは+1になる

実際には量子ビットの数はもっと多く、接続も複雑ですが、これらの法則をもとに答えを解いていきます。

Lesson 52 [Wildqatの体験]

量子アニーリングを体験してみよう

このレッスンのポイント

このレッスンでは、実際に量子アニーリングを体験してみましょう。無料ツールが公開されているので、それを利用して学習を進めることができます。ここではオープンソースのWildqatを利用します。

オープンソースのPython用ライブラリWildqat

量子ゲート型と同様に、量子アニーリング型でもSDK（ソフトウェア開発キット）が配布されており、それを入手すれば量子アニーリングを実際に体験しながら学ぶことができます。
今回はオープンソースのPython用ライブラリWildqat（ワイルドキャット）を利用して、量子アニーリング型を体験していきます（図表52-1）。Wildqatは実際の量子コンピューターを使わず、パソコン内でシミュレーションを実行して計算を行います。

▶ Wildqatドキュメント 図表52-1

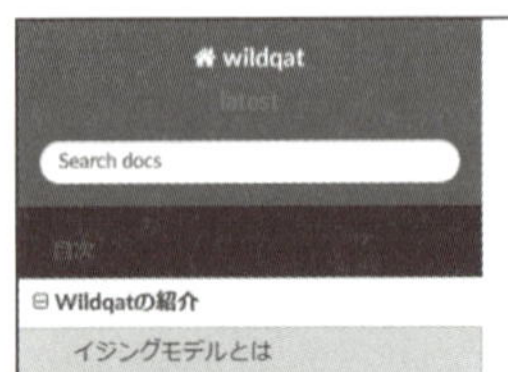

日本語のドキュメントが充実しているので取り組みやすい
https://wildqat.readthedocs.io/ja/latest/getting_started.html

ワンポイント シミュレーションの方式

量子アニーリング型のシュミュレーションの方法には、シミュレーテッドアニーリング（SA）とシミュレーテッド量子アニーリング（SQA）の2通りがあります。SQAのほうが実機に近い処理を行いますが、比較的シンプルな問題であれば答えが大きく変わることはありません。

グラフ問題を解く

それでは実際に問題を量子アニーリングで解いていきましょう。今回解く問題は、「図表52-2のような図形の辺を一筆書きでカットして頂点を2つのグループに分ける場合、最大いくつの辺をカットできるかを求める」というものです。このように頂点（ノード）を辺（エッジ）で結んだデータ構造をグラフといい、グラフを対象とした問題をグラフ問題と呼びます。

グラフ問題を量子アニーリングで解くために、頂点を量子ビットとみなし、隣接する量子ビットの値が同じならカットしない、隣接する量子ビットの値が異なるならカットすると決めます（図表52-3）。あとは隣接する量子ビットの値がなるべく異なるような答えを出せば、問題が解けたことになります。

▶ グラフ問題：一筆書きでカットできる辺の最大数を求めよ 図表52-2

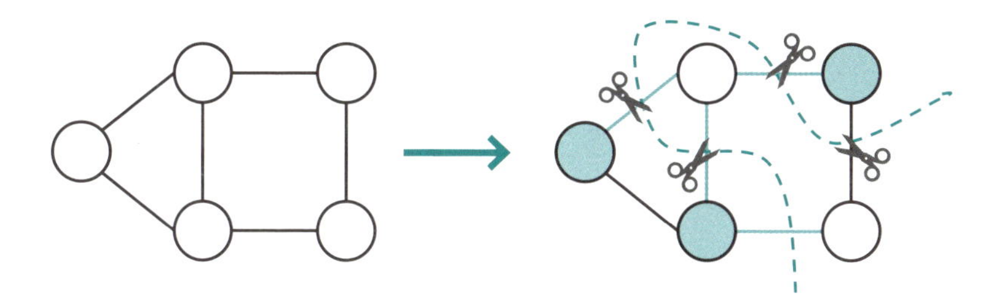

▶ 量子ビットと接続（相互作用）で表せる形にする 図表52-3

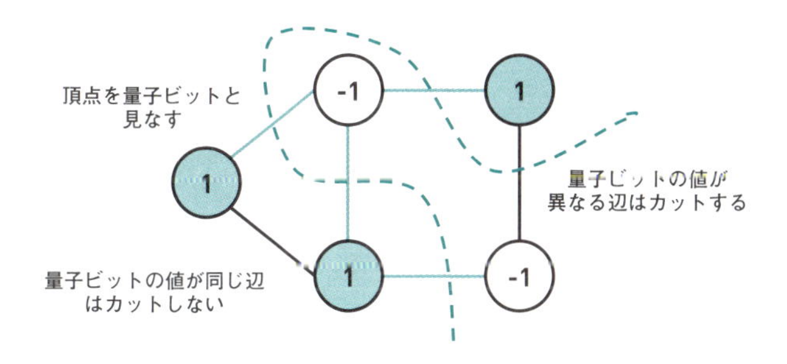

各図形の頂点を量子ビットとみなし、隣接する量子ビットが異なる数値の場合、その量子ビット同士をつなぐ線をカットする

隣接する量子ビットの値がなるべく異なる組み合わせを探させます。

NEXT PAGE →

イジングモデルを作成する

グラフ問題を量子ビットと接続（相互作用）の形で表すことができたので、それをイジングモデルの形に落とし込んでいきます。

まず、図表52-4のように各頂点にA〜Eのアルファベットを割り振ります。今回は隣接する頂点の値がなるべく異なるようにしたいので、すべての接続（相互作用）に+1を設定します。

これをもとにイジングモデルを作成していきます。頂点のアルファベットを縦軸と横軸に置いた総当たりの表を作成します。そしてアルファベットが交差する部分に相互作用の設定値を書き込んでいきます。頂点同士がつながっていない場合は0にしてください。

▶ グラフ問題をイジングモデルの形で表す 図表52-4

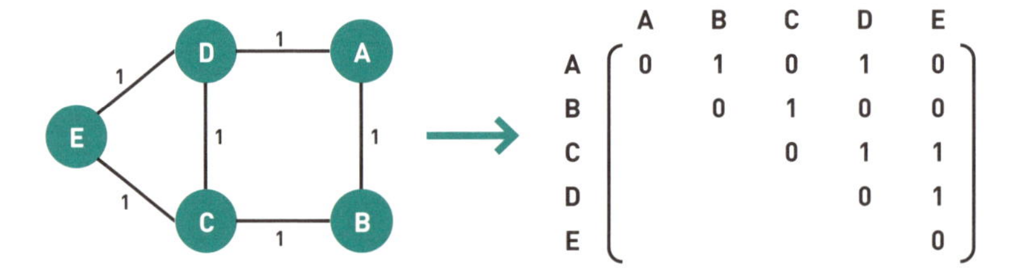

隣接する量子ビットの値を異なるものにしたいので、相互作用に+1を設定

アルファベットが交差する部分に相互作用の値を書き込む

ここまでくれば量子アニーリングは終わったも同然です。あとはQUBOを量子コンピューターに渡せば、自動的に答えが出ます。

ワンポイント 問題をイジングモデルに落とし込むコツ

量子アニーリングは、複数の量子ビットの1と-1の組み合わせから、1つの状態を選び出すことができるものです。そのため、解きたい問題の中で「何が組み合わせになっているのか」を考え、「その組み合わせを量子ビットでどう表すか」と考えるとわかりやすいでしょう。

Wildqatをインストールする

Pythonのpipコマンドで Wildqatをインストールします。Windowsではコマンドプロンプトを起動して図表52-5のコマンドを実行します（図表52-6）。macOSでは代わりにpip3コマンドを利用してください。Blueqatのインストールとほぼ同じなので、そちらも参照してください（レッスン43参照）。

▶ 入力する3つのコマンド 図表52-5

```
pip install wildqat
```

▶ Wildqatのインストール 図表52-6

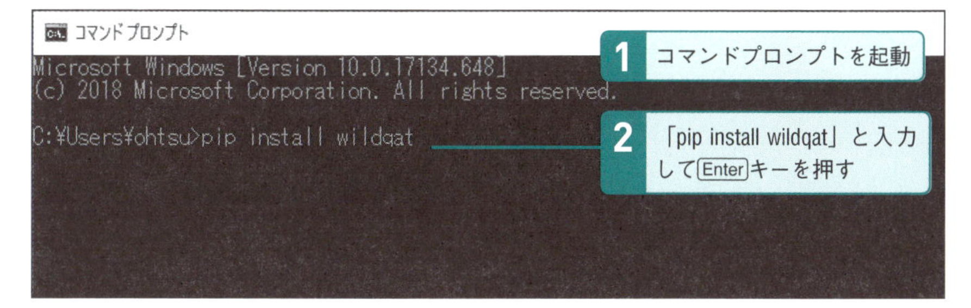


```
コマンドプロンプト
Requirement already satisfied: networkx==2.2 in c:¥users¥ohtsu¥anaconda3¥lib¥site
Requirement already satisfied: python-dateutil>=2.1 in c:¥users¥ohtsu¥anaconda3¥l
0->wildqat) (2.8.0)
Requirement already satisfied: kiwisolver>=1.0.1 in c:¥users¥ohtsu¥anaconda3¥lib¥
wildqat) (1.0.1)
Requirement already satisfied: pyparsing!=2.0.4,!=2.1.2,!=2.1.6,>=2.0.1 in c:¥use
rom matplotlib==3.0.0->wildqat) (2.3.1)
Requirement already satisfied: cycler>=0.10 in c:¥users¥ohtsu¥anaconda3¥lib¥site-
at) (0.10.0)
Requirement already satisfied: decorator>=4.3.0 in c:¥users¥ohtsu¥anaconda3¥lib¥s
at) (4.3.2)
Requirement already satisfied: six>=1.5 in c:¥users¥ohtsu¥anaconda3¥lib¥site-pack
tlib==3.0.0->wildqat) (1.12.0)
Requirement already satisfied: setuptools in c:¥users¥ohtsu¥anaconda3¥lib¥site-pa
lib==3.0.0->wildqat) (40.8.0)
Building wheels for collected packages: wildqat
  Building wheel for wildqat (setup.py) ... done
  Stored in directory: C:¥Users¥ohtsu¥AppData¥Local¥pip¥Cache¥wheels¥bc¥b5¥17¥e68
1e0ae942
Successfully built wildqat
Installing collected packages: numpy, matpl
  Found existing installation: numpy 1.16.2
    Uninstalling numpy-1.16.2:
      Successfully uninstalled numpy-1.16.2
  Found existing installation: matplotlib 3
    Uninstalling matplotlib-3.0.3:
      Successfully uninstalled matplotlib-3.0.3
Successfully installed matplotlib-3.0.0 numpy-1.15.4 wildqat-1.1.9
```

3 「Successfully installed matplotlib-3.0.0numpy-1.15.4 wildqat-1.1.9」と表示されたらインストール成功

Wildqatでプログラムを実行する

Wildqatでグラフ問題を解いていきましょう（図表52-7）。「opt()で量子アニーリングの準備をし、値を設定してからrun()で実行する」ぐらいに理解しておけば十分です。

重要なのは角カッコで囲んだ部分に、正確に数値を入力することです（図表52-8）。ここには先ほど総当たりの表にまとめた相互作用の設定値を入力します。ここを間違えると正確な答えが出ないので注意してください。

▶ 入力するプログラム 図表52-7

```
from wildqat import *
a = opt()
a.J = [
      [0,1,0,1,0],
      [0,0,1,0,0],
      [0,0,0,1,1],
      [0,0,0,0,1],
      [0,0,0,0,0]]
a.run()
```

a.J に対して相互作用の値を設定します。前に相互作用の設定値を Jij と表現していたことを思い出してください。

▶ IDLEでプログラムを実行する 図表52-8

```
*Python 3.7.2 Shell*
File Edit Shell Debug Options Window Help
Python 3.7.2 | packaged by conda-forge | (default, Mar 20 2019, 01:38:26) [MSC v
.1900 64 bit (AMD64)] on win32
Type "help", "copyright", "credits" or "license()" for more information.
>>> from wildqat import *
>>> a = opt()
```

1 IDLEを起動

2 プログラムの前半2行を入力

```
*Python 3.7.2 Shell*
File Edit Shell Debug Options Window Help
Python 3.7.2 | packaged by conda-forge | (default, Mar
.1900 64 bit (AMD64)] on win32
Type "help", "copyright", "credits" or "license()" for more information.
>>> from wildqat import *
>>> a = opt()
>>> a.J = [
      |
```

3 「a.J = [」まで入力して Enter キーを押す

4 少し字下げした位置にカーソルが表示される

```
*Python 3.7.2 Shell*
File Edit Shell Debug Options Window Help
Python 3.7.2 | packaged by conda-forge | (default, Mar 20 2019, 01:38:26) [MSC v
.1900 64 bit (AMD64)] on win32
Type "help", "copyright", "credits" or "license()" for more information.
>>> from wildqat import *
>>> a = opt()
>>> a.J = [
      [0,1,0,1,0],
      [0,0,1,0,0],
      [0,0,0,1,1],
      [0,0,0,0,1],
      [0,0,0,0,0]]
```

5 設定値の続きを入力

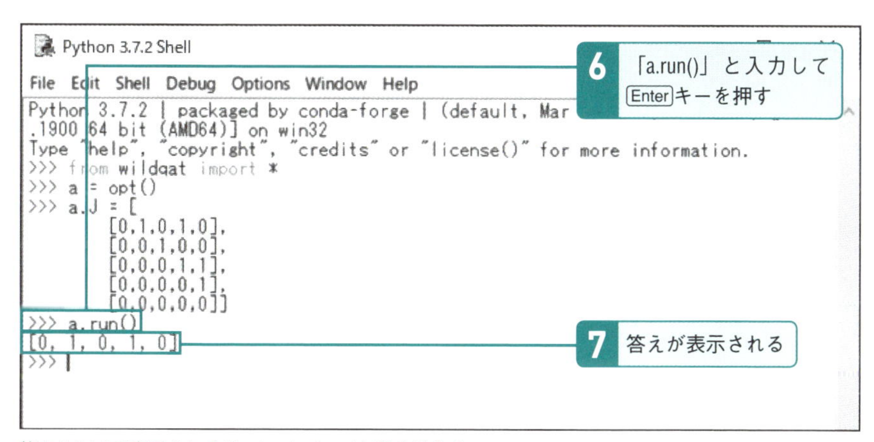

答えは1と0で表示されるが、1→1、0→-1と読み替える

答えの「0, 1, 0, 1, 0,」(-1, 1, -1, 1, -1)はABCDEの値になります。

COLUMN

D-Wave社のSDKで量子アニーリングマシンが身近に！

D-Wave社の量子コンピューター用のSDKは「Ocean Software」と呼ばれており（図表52-9）、GitHubのリポジトリで公開されています。また、D-Wave社の量子コンピューターをクラウド経由で利用できるサービス「Leap」は、2019年3月より日本でも利用できるようになりました。D-Wave社の量子コンピューターの実機を購入しようとすると億単位の出費が必要となりますが、Leapを利用すれば低コスト（1分間までは無料）で手軽に使用できます。

▶ D-Wave's Ocean Software 図表52-9

D:wave

D-Wave's Ocean Software

Ocean software is a suite of tools **D-Wave Systems** provides on the **D-Wave GitHub repository** for solving hard problems with quantum computers.

Tools on Github

Ocean software stack provides a chain of tools on GitHub that implements the computations needed to transform an arbitrarily posed problem to a form solvable on a quantum solver.

Documentation on Read the Docs

An overview on using Ocean software, with both end-to-end usage examples and simple examples to **get you started**, and links to each tool's documentation.

Leap

Log in to solve problems on D-Wave systems and to learn more about quantum computing.

「Leap」を利用するには、[Leap] をクリックしてアカウントを作成する必要がある
https://ocean.dwavesys.com/

Wildqatはシミュレーターですが、「Leap」にアクセスすれば実物の量子アニーリングマシンが使えます。

Chapter

8

量子コンピューターをビジネスに導入する

ここまでは主に量子コンピューターの技術的な側面を中心に解説してきました。第8章では事業への組み込みや、人材確保、チーム編成といった、ビジネスにおける量子コンピューターについて見ていきましょう。

Lesson [導入の意義]

53 量子コンピューターを導入する意義

このレッスンのポイント

これまで量子コンピューターとはどんなもので、技術的に何ができるのかを見てきました。では、企業が量子コンピューターを導入した場合は何がもたらされるのでしょうか。その意義を改めて確認しましょう。

ビジネスチャンスとしての量子コンピューター

事業における量子コンピューターへの取り組みとしては、「量子コンピューターで問題を解決したい」「量子コンピューターを開発したい」の2通りが考えられます。後者については、ハードウェア開発のイメージも強いですが、量子コンピューター上で動くアプリケーション（プログラム） の開発のほうが現実的でしょう（図表53-1）。

量子コンピューターは実用化の途上にある技術であり、ビジネスチャンスとなりうる伸びしろが高い領域です。そのため現時点では、どちらの取り組みにもチャンスがあるといえます。ただ、いずれの場合もいち早く取り組んで、先行者利益の獲得を目指すことが重要です。

▶ビジネスにおける取り組みの形 図表53-1

問題解決	アプリケーションを利用して問題解決
ソフトウェア	アプリケーションを開発して提供
ハードウェア	量子ゲート型／量子アニーリング型の研究開発

この図で示したどのフェーズにもビジネスチャンスがありえます。

最適化から新しい事業につながる

「量子コンピューターをビジネス活用する」とは、言い換えれば量子コンピューター上で動作するアプリケーションを開発して、そのアプリケーションを動かすということです。開発したアプリケーションは、自社が抱えている問題の解決に利用することもあれば、他社に提供して報酬を得ることもあるでしょう。

現状、量子コンピューターのアプリケーションは「最適化」のために活用できます。最適化とは、ファクトリーオートメーションや業務自動化など「既存のものをよりよくする」作業のことです。現在の業務が少しでも短時間で終わり、少ないコストで終われば、浮いたコストを新しい事業の創出に転換できるはずです。

取り組みそのものから得られるメリット

量子コンピューターを導入するにあたっての最大のネックは、その原理を理解するのが難しいことです。しかし、一度ハードルを乗り越えてしまえばその広い応用範囲の恩恵を受けられます。
先進的な取り組みをすることで、企業はさまざまなメリットを享受できるものです。量子コンピューターでビジネスを創出できれば対外的な宣伝効果も高いため、それによって顧客が増え、人材も集まってくるはずです。このように総合的に考えれば、量子コンピューターへの取り組みは非常にリーズナブルといえます。

量子コンピューターを理解するハードルを下げることが本書の目的の１つです。

ワンポイント　開発のハードルを下げる取り組み

量子コンピューターの研究、実用化には全世界で力が注がれており、米欧中の政府や産業界が研究開発投資を拡大しています。日本の文部科学省でも、量子科学技術委員会による産学連携やベンチャー支援などの取り組みが進められています。量子科学技術委員会は、量子コンピューターに加え、量子暗号、量子センサー、量子ビームといった量子科学技術（光・量子技術）全般を対象とした支援活動を行っています。

出所：文部科学省――量子科学技術委員会
http://www.mext.go.jp/b_menu/shingi/gijyutu/gijyutu2/089/index.htm

Lesson [量子コンピューターの導入]

54 量子コンピューターを導入する事業計画

このレッスンのポイント

量子コンピュータをはじめるにあたって、大がかりな設備や人員は必要ありません。ただし、すぐに成果が出るものではないので、短期的な目標と中長期の目標を立てて、資金や人員の割り当てを考える必要があります。

○ 短期計画と中長期計画を立てる

量子コンピューターは、取り組み方によっては成果が出るまで10〜20年かかるともいわれる分野です。しかし最初から長期計画を立ててしまうと、最終的に量子コンピューターが活かせないとわかって資金や人材を浪費する結果につながる恐れもあります。レッスン8でも述べたようにまずは短期計画を立て、自社と量子コンピューターの相性を評価する期間を設けることをおすすめします。

現在は低コストで量子コンピューターに取り組めるツールが多くの企業から提供されています。それらのツールを使いながら、本当に自社が量子コンピューターのビジネス領域に向いていて今後中長期にやっていけるかどうかを評価していきましょう。

具体的な例を挙げると、まず半年ほどかけてきちんと開発体制が整えられるかを評価し、次の3年間でその開発環境がうまく機能して成果が出せるかを評価します。そこまでいっていったん事業継続をするかどうかを判断します。OKということになれば、それまでの成果をもとに事業化して資金回収できるかどうかの事業計画を立てるフェーズに進むという具合です。

パソコン内で動くシミュレーターも登場し、量子コンピューターをはじめるための障壁は低くなっています。まずは短期計画で取り組んでみることをおすすめします。

プロジェクト単位での検討

量子コンピューター導入プロジェクトの検討では、解決したい課題に対して量子コンピューターが適用できるかどうかが大きな焦点となります。

図表54-1で示すようにそもそも適用可能なのかどうかに加えて、従来式コンピューターよりも効率が大幅に高められるのかも検討が必要です。業務や社会問題に対してボトルネックになっている点をとり上げ、それが量子コンピューターに適切に合うかどうかを検討します。

▶ プロジェクトの検討ポイント 図表54-1

- **解きたい問題が量子コンピューターに適切に適用できそうか**
- **量子コンピューターで解きたい問題に対するツールや解法がすでに提供されているか**
- **量子コンピューターを活用した事例の中で類似したものはないか**

従来式コンピューターから徐々に置き換える

現在の量子コンピューターのハードウェア性能では、全体のアプリケーションの中で量子コンピューターが担当できるのはごく一部です。しかし、ハードウェアもアプリケーションも日進月歩で性能が向上し続けており、量子コンピューターに置き換えられる部分はどんどん増えていきます。そこを見越した計画が必要です。また、量子コンピューターはまだ不安定な動作も多いので、システム全体に影響が出ないような組み込みを検討する必要もあります。少しずつ既存の従来式コンピューターの担当分野を量子コンピューターに置き換えるようにしていければ、システム全体を崩さずにスムーズに導入することができます。

量子コンピューターは成長を続けており、今はできないことも明日はできるようになっているかもしれません。技術動向を常にチェックし続けましょう。

Lesson 55 [人材確保]

量子コンピューターに必要な人材

このレッスンのポイント

企業が量子コンピューターに取り組むにあたって、必要となる人材の集め方を考える必要があります。ここでは量子コンピューターに適した人材の集め方や育成、求められるスキルなどを見ていきましょう。

量子コンピューターのエンジニアは希少な存在

ビジネスを進めるうえで人材がいないと計画的に開発や研究を行うことができません。しかし、量子コンピューターのエンジニアは本書執筆時点では世界中にほとんどいない希少な存在です。では、まだほとんどいない人材をどうやって得ればよいのでしょうか？

現在量子コンピューターのエンジニアと呼ばれている人材には、大学で量子コンピューターを学んできた研究者がエンジニアに転身するほかに、機械学習エンジニア（特に物理学の素養もしくは数学の素養がある人）やデータサイエンティストから転身した例もあります。

量子コンピューターでは確率計算をよく使います。それらの計算過程は機械学習に比較的近い部分があるため、機械学習エンジニアは親和性があるといってよいでしょう。また、量子ゲートの場合には数学的な基盤がしっかりしているので、数学が得意な人は馴染みやすく取り組むことができます（図表55-1）。

▶ 量子コンピューターのエンジニアに適した人材 図表55-1

- 大学で量子コンピューターを学んだ研究者
- 機械学習エンジニア
- データサイエンティスト
- 数学が得意な人

要求されるスキル

ひとことで量子コンピューターといっても、そのどこに関わりたいかによって要求されるスキルは変わってきます。

ハードウェア、アプリケーション、ミドルウェアに分けて考えると、ハードウェア分野では、物性物理学や量子物理学を中心とした物理学の知見が必要です。アプリケーション分野では数学や計算幾何学に精通した人材が望ましいでしょう。そして両方の知識とマネージメント能力のある人材をミドルウェアに配置できればベストです。

しかし、世界でもそのような体制をとれる企業は限られているので、分野を絞ってスキルを確保するのが現実的でしょう。たとえば、金融アプリケーションならば数学や統計学、量子化学計算分野ならば量子化学、最適化問題ならば統計学など、作りたいアプリケーションに合わせたスキルを持つ人材を確保するのです。ただし、いずれにしても量子コンピューターの基本原理を学ぶ必要はあるので、スタート時点でその習得は欠かせません。

やはり解決したい課題に詳しい人が、量子コンピューターで何ができるのかを考察することがとても大事です。

ワンポイント　理想のチームを組むには

量子コンピューターのためにチームを組む際は、さまざまな知識を持った人がいると理想的です。数学や物理学の知識がある人、解きたい問題に対する理解がある人など、さまざまな分野の人が集合することで量子コンピューターの活用の幅が広がります（図表55-2）。

▶ チームの構成 図表55-2

プロジェクトを進めるには、これらのスキル以外にリーダーシップや調整役としての役割も必要となる

Chapter 8 量子コンピューターをビジネスに導入する

今はまだ人材を確保しやすい

人材を育成することを考えた場合、まずは所属する組織内に適した人材がいないかどうかを探すところからはじまるでしょう。身近な人材の育成であれば、コストとリスクを最小に抑えやすいからです。量子コンピューターを利用するにあたって物理学の知識は必須ではありませんが、ここまでにも述べたように物理学出身者もしくは統計学・数学に精通した人材が適しているのは確かです。ひとまずそのような人材が社内にいれば、量子コンピューターのツールを与えて適性を見たうえで、大丈夫そうであればその体制からスタートします。

身近に適した人材がいない場合には、採用募集をかけて量子コンピューターの人材を確保することになります。その際には量子コンピューターのための採用であることを明記し、ある程度の知識があり問題に対応できることをテストします。実際、すでに多くの企業で量子コンピューターの人材を確保する動きが進んでおり、採用がうまくいっているという事例もよく聞きます。

今はまだ、量子コンピューター人材を確保しやすい時代といえるかもしれません。

大学との共同研究

大学との共同研究を通じて、人材や技術力を蓄積するのも有効です。量子アニーリングやイジングモデルの解法は一般的なものなので、統計学や熱力学を扱う学科であれば量子アニーリングを習得するのはそう困難ではないはずです。

大学の共同研究においては、最適化問題などを中心に自社の事業と近いところでの展開を考え、数学や物理学、統計学の分野から人材を探して行うのが適切と思われます。今のところ、問題を解くだけなら物理学は不要なので、各社が提供しているツールの計算原理を押さえたうえで展開を行うのが望ましいでしょう。

現時点では量子アニーリングのほうが実用化が進んでいるので、事業内容としてもとり上げやすいでしょう。

パートナー企業を探す

量子コンピューターは現在大きな産業分野として発達しはじめており、たとえ最新のIT企業であっても単体で事業を展開するのは厳しく、パートナー企業をはじめとして協業を通じて展開をする必要があります。

たとえば、量子コンピューターの周辺機器を作る企業は、そもそも量子コンピューターを作っている企業と組む必要があり、アプリケーションやソフトウェアを展開したい企業は量子コンピューターを提供するプラットフォーム提供者の企業とパートナーを結ぶ必要があります。

現在では、ハードウェアとプラットフォーム提供者は同じ企業が担当しているので、実質的にパートナー企業を探す際には、量子アニーリング型や量子ゲート型の量子コンピューターを提供する、世界でも限られたプラットフォーム提供者とパートナーシップを結ぶ必要があります（図表55-2）。

どのプラットフォームに乗るのが適切かは、それまでの企業の取引実績や得意分野、普段使っているOSや開発言語などに左右されます。自社に合わせた傾向を選ぶとよいでしょう。

▶ 主なプラットフォーム提供者 図表55-2

提供企業	プラットフォーム	概要
IBM	IBM Q/Qiskit	IBM Qは量子ゲート型コンピューター、QiskitはIBM Qを利用するためのSDK。IBM QはWebブラウザ上のGUI（マウス操作）で量子回路を作成できる。QiskitはPythonなどのプログラミング言語を利用する https://qiskit.org/
Miscrosoft	Q#	Visual Studioで利用する量子コンピューター専用言語。量子ゲート型シミュレーターで量子回路を実行できる https://www.microsoft.com/en-us/quantum/development-kit
D-Wave	Leap/Ocean	OceanはD-Wave社の量子アニーリングマシンを利用するためのSDKで、Python用パッケージ。Leapはクラウド上で利用できるサービス https://cloud.dwavesys.com/leap/login/?next=/leap/ https://gigazine.net/news/20181005-d-wave-leap/

Lesson 56 [マネタイズ]

量子コンピューターをマネタイズする

このレッスンのポイント

自社で量子コンピューターの事業を立ち上げた場合、対象となる顧客層を想定する必要があります。大きくハードウェア提供者とソフトウェア提供者によって事業の進め方が変わってきます。

ハードウェア提供者の事業推進

近年国内でも、量子アニーリング型（イジングマシン）のハードウェア開発企業が増えています。それらの企業は基本的に、SDKやクラウド上でのマシンの提供、そして開発したマシンの販売などを想定した事業計画を立てています。その顧客は、組み合わせ最適化問題や社会問題、そして量子の問題を解きたいという要望を持っており、どれだけ顧客の要望に応えられるパフォーマンスや利便性を確保できるかが成功のカギとなります。

イジングマシンの場合、各分野における組み合わせ最適化問題を実際のソフトウェアや数式に落とし込んだ形で検証が可能なので、具体的なPoC（概念実証）などを通じた評価を得られます。活用評価で成果が出た場合は、当然ながらさらなる性能向上を求められるので、それらのフィードバックを通じて改善を続けていけば、事業を広げられるでしょう。量子ゲート型については執筆時点で利用可能な実機はエラーが多く、提供は難しい側面があります。スパコンやハイパフォーマンスコンピューター上で動作する、量子ゲートマシンのシミュレーターの提供に徹することになるでしょう。シミュレーターを利用して開発したアプリケーションが将来も活用できるように、ハードウェアの発展の動向やスケジュールを提示しておくことが重要です。

技術革新を見越して、ハードウェアの将来的な性能向上スケジュールを提示することも重要です。

ハードウェアの提供形態

ハードウェアの提供形式は大きく分けて「マシンの販売」と「クラウド経由での提供」の2種類が考えられます。量子アニーリング型を中心にマシンの販売を手掛けている企業がいくつかありますが、現時点では筐体サイズも大きく、導入に際しての制約も大きいので、定期的なメンテナンスなどのサポートも含んだ販売となるでしょう。
多くの量子マシンは運用が難しく、周辺環境を安定させるためにシールドされた実験室などから運び出すことは困難です。そのため、クラウド経由で提供しているところも少なくありません（図表56-1）。その場合、ユーザーアカウントの管理、ユーザーへのメンテナンス計画の通知、ユーザーの利用状況の管理など、クラウドサービスとしての体裁を一式用意したうえで、従量課金もしくは月額固定のサブスクリプションモデルなどにするのが一般的です。

▶ クラウド経由での提供 図表56-1

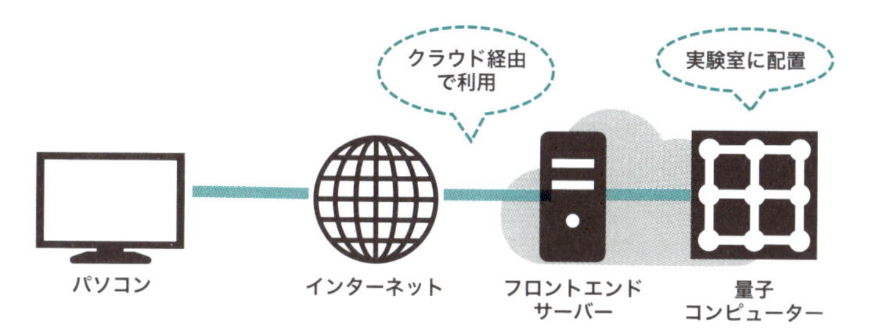

クラウド経由で量子コンピューターを提供する場合、クラウドサービスとしての体裁を整え、従量課金などのサブスクリプションモデルにする

ワンポイント シミュレーターの提供

シミュレーターは、現在のコンピューターで量子コンピューターの挙動を模擬的に再現し、量子コンピューターのアプリケーションを開発可能にする仕組みです。従来式コンピューター上のシミュレーターでも、開発レベルであれば実用的な速度を確保することが可能です。国内では、量子コンピューターの代わりにシミュレーターの提供により、マネタイズを進める企業も多くあります。

ソフトウェア提供者の事業推進

量子コンピューター向けのソフトウェアとしては、各分野の実務者をターゲットとしたアプリケーションの開発が考えられます。

たとえば現在流行している量子化学計算では、日頃から量子化学計算を取り扱っている材料メーカーが顧客になると想定できます。材料メーカー自体が社内で量子コンピューターの取り組みをはじめるのは、まだ時期尚早、もしくは投資が大きすぎると考える可能性が高いからです。そのような顧客に量子コンピューターで量子化学計算を行えるようなパッケージやコンサルティングを提供すると効率がよいでしょう（図表56-2）。

同様に金融や自動車、IT企業など、量子コンピューターの本格導入を検討したいところに対して、パッケージ化した商品として量子コンピューターを提供するのは合理的な事業と思われます。

▶ アプリケーションやコンサルティングの提供 図表56-2

自社内で量子コンピューターに取り組むのは時期尚早と考える顧客に対し、アプリケーションやSDK開発ツールに加えて、コンサルティングを提供する

ソフトウェアの提供形態

ソフトウェアの提供形態として考えられるのが、アプリケーションを独自にカスタマイズしてクライアントに納品する形態です。選択したプラットフォームに対応したプログラミング言語で開発されたアプリケーションを納品し、場合によってはそれを保守・メンテナンス込みで月額料金で運用を進めます。
また、顧客がアプリケーションを利用するためのコンサルティングや、新しくその業務に即したアルゴリズムを開発するといった研究開発事業もあります。アプリケーションの開発は基礎研究のほかに応用もあり、比較的基礎的な部分を進めて論文として発表する場合もあれば、応用として利用できるアプリケーションを作成し、それを外部公表するという手順もあります。
どちらにしろ通常のアプリケーションの納品やコンサル形態に非常に近いので、世界的にも一般的な方法です。

オープンソースの波に乗るべきか

世界的にソフトウェアは、大企業もスタートアップ企業もGitHubなどを経由して無料提供する、いわゆるオープンソースの形が多くなっています。ただ、その場合はどうマネタイズしていくかを検討しなければいけません。
国内企業では有料化したパッケージで提供する流れが浸透している面もあるため、「世界の流れに乗らない」という選択肢もあります。世界的な流れに追従するか、独自の路線で有料のサービスを行うかを、事業戦略に合わせて検討する必要があります。
筆者が代表を務めるMDRでは、ソフトウェアをオープンソースで無料で提供して利用者還元を進めながら、さらにそこから量子コンピューターを応用したい企業からサポートや受託などを通じて収益を確保しています。

何も練らずにオープンソースにしても、開発費がかさむだけです。どうマネタイズするかを考えなければいけません。

Lesson 57 ［課題］

知っておくべき量子コンピューターの課題

このレッスンのポイント

量子コンピューターは発展途上にあるので、「現在では」まだできないことも少なからず存在します。自社にできないことを「すぐできます！」と顧客に伝えてしまわないよう、現状の課題を把握しておきましょう。

ハードウェアの制約

現在の量子コンピューターは技術的な課題や性能的な課題を多く抱えています。最終的には「万能量子コンピューター」と呼ばれるデジタル型の量子コンピューターの完成が望まれますが、現在の量子ゲート型や量子アニーリング型はまだアナログ式の開発途上のものとなっています。それらのアナログ式マシンは生まれたばかりであり、技術的な問題からくるソフトウェアの制約が存在します。

そのため、理想的な万能量子コンピューターを想定したシミュレーターで作成したアプリケーションが、実機のマシンではそのまま使えないという事態が起こるのです。実装する際は、実際の量子コンピューターのハードウェア的な制約を考慮した形で書き直す必要があります。

現在は超電導方式が主流ですが、光量子コンピューターやレーザー型など異なる原理のハードウェアも登場してきています。主流を学びつつ、異なるタイプのハードウェアへの評価も進めてもよいでしょう。

ノートパソコンでもシミュレーションできる

まだ完成していない量子コンピューターですが、「理想的な量子コンピューターをどう活用すればよいのか」という理論は確立されています。そのため、現時点でも従来式コンピューターでシミュレーションすることで、その機能の一部を再現できます。アプリケーションの開発や研究などは、現在私たちが使っているコンピューターを活用することで先に進めることができるのです。より量子コンピューターに近いものに関してはスパコンや高速なパソコンを使う必要がありますが、比較的小さなサイズの問題については身のまわりにあるノートパソコンのような非力なマシンでも量子コンピューターをシミュレートして計算可能です。

過度な期待への対応

過度な期待感に対しては冷静に対応しましょう。量子コンピューターは既存のコンピューターの計算をすべて実行できる「万能性」と、重ね合わせなどを利用した「高速性」の両方の特徴がありますが、これらは必ずしも同時に実現されるわけではありません。量子の高速性が活用できるのは一部のアプリケーションであり、それらのアプリケーションを実行するために、万能性を利用した計算の実行が行われることがあります。しかしその結果が必ずしも高速になるとは限らないのです（図表57-1）。

▶ 量子コンピューターで高速化できるもの 図表57-1

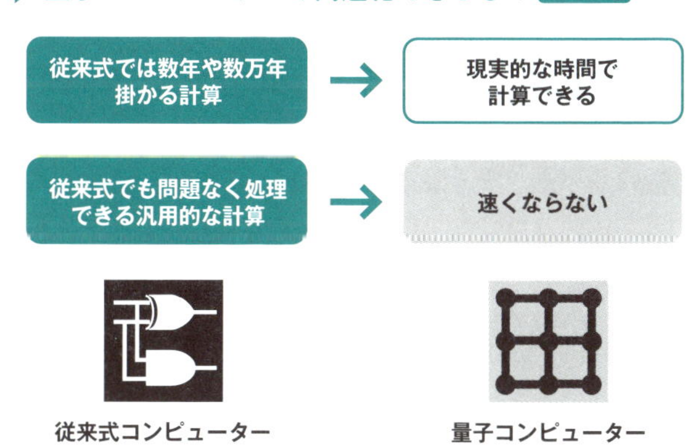

量子コンピューターで高速に計算できるのは、高速性を利用できる種類の計算のみ。どんな計算でも高速にできるわけではない

Lesson 58

[夢のマシンから現実のマシンへ]

量子コンピューターの展望

このレッスンのポイント

量子コンピューターはつい数年前まで夢のマシンといわれており、実現は遠い未来のことと思われていました。しかしすでに夢のマシンから、クラウドを利用した現実的に使えるマシンへと発展しています。

歴史ある研究開発と手堅い未来動向

量子コンピューターはその動作原理から突拍子のない技術と考えられがちで、従来式のコンピューターとのつながりがわかりづらいという印象を持たれがちです。しかし、1980年代より着々と構築された計算理論がとてもしっかりしているうえ、2000年代に入り実際に製造できるようになってきて一気に産業利用が現実的になってきました。従来式のコンピューターの延長線上での活用が期待され、従来式のコンピューターの技術限界を超えるマシンとして世界中で計算機としての手堅い地位を獲得しはじめています。

量子コンピューター業界はとても建設的な状態でサービスの開発が進んでいます。ハードウェアの登場によってソフトウェアが盛り上がり、そのソフトウェアの開発が進むとその不足を補うようにハードウェアの改善が進みます。このように業界全体が前向きなサイクルで動いており世界的な投資も増加し続けています。この調子でしばらくは想定よりも速いペースで発展が続くと予想されます。

2017年11月の時点で、商用利用可能な量子ゲート型コンピューターIBM Qでは、20量子ビットを実現しています。現在、量子ビットの数を増やす方向と、エラー率を少なくする方向の両面で開発が進められています。

理想的な量子コンピューターとNISQについて

私たちが目指すのは理想的な万能量子コンピューターですが、現在市場に出ている量子コンピューターは計算の途中でエラーの出るNISQと呼ばれる中規模のマシンとなっています（レッスン27）。
NISQでは従来式のコンピューターと量子コンピューターのハイブリッドで計算を行うのが主流で、まだその性能を発揮しきれていない段階です。しかし「誤り訂正」と呼ばれる、エラーを検出して訂正する機構の開発が進められており、近い将来量子コンピュータの性能が大きく発展する可能性があります。すでにNISQを超える理想的な量子コンピューターを想定したアプリケーションや研究開発が前倒しで行われており、従来のコンピューターでは考えられなかったような計算方法が開発されています。

人類の解けない問題を解く

量子コンピューターに期待されているのは圧倒的な速度向上と、従来式のコンピューターではできなかった計算を利用してこれまで解けなかった問題を解くということです。現在は過渡期なのでさまざまな試みや研究開発が行われており、その性能限界に到達せずに小さな目標にとどまってしまうことも少なくありません。しかし、最終的には大きな技術革新を起こし、私たちの生活を一変するようなマシンやアプリケーションの開発はすでに進んでいるので、ぜひその技術革新の現状を目のあたりにして未来への期待を持ってもらえればと思います。

ワンポイント　勉強会を利用して知見を深めよう

量子コンピューターの業界の雰囲気や参入方法がわからないという声をよく聞きます。最新の技術に対する取り組みや、これまで開発されてきた技術の利用方法といった業界動向を確認することは、今後のビジネス展開に対して重要です。
量子コンピューターはその技術の難解さやマネタイズの難しさゆえに、多くの勉強会が日々開催されています。MDRでも毎週テーマを変えて勉強会を行なっており、基本無料で開催しているので、興味があればどんどん参加してみてください。多くの勉強会はIT勉強会プラットフォーム上で集客しており、登録すれば無料で参加できます。参加者に配布されている資料を使って自宅や企業で勉強を行うこともできます。

COLUMN

世界と戦うには何をすべきか？

量子コンピューターは、ベンチャー企業であっても世界への飛躍が望める技術です。ソフトウェア開発は大手のハードウェアチームとベンチャーのソフトウェアチームがタッグを組んで行うのが一般的です。

現時点では世界で20社程度のベンチャーが機械学習や量子化学計算などでしのぎを削っています。カナダと北米が最も多く、日本国内では筆者が代表を務めるMDRのみですが、機械学習と最適化で多くの成果を残せるように頑張っています。

ハードウェアに目を向けると、世界で量子コンピューターが作れるベンチャーはD-Wave、Rigetti、QCI、MDRなど数社しかありません。超電導タイプのアニーリングマシン（磁束量子ビット）と量子ゲート型（トランズモン量子ビット）を両方作っているのは、世界でMDRとGoogleとMITだけです。

国内でビジネス展開するのであれば、AIで流行している受託型のビジネスなどの形で進めていけば、比較的リスクは少ないでしょう。一方、英語圏でベンチャーとして大きな存在感を出すのは、難易度も高くハイリスクです。しかし、量子コンピューターというゲームチェンジができるテーマにおいて、小さくまとまってしまうのはもったいないと感じます。

世界で競争するにはたくさん働くことよりも、たくさん勉強することが大事になってきます。論文を読んで実装して自分で論文を書く。実装と発信を英語で交互に進めていくことで世界レベルでの存在感が出せると考えています。能力面では国内も海外も大きな差はありませんが、コミュニティの活気には大きな差があります。そのため、積極的に海外のコミュニティと接することは大きな刺激となるはずです。

量子コンピューターのエンジニアはできるだけたくさん英語で実装して発表するべきでしょう。

索引

索引

スタッフリスト

カバー・本文デザイン	米倉英弘（細山田デザイン事務所）
カバー・本文イラスト	東海林巨樹
撮影協力	渡　徳博（株式会社ウィット）
DTP	赤羽　優（株式会社リブロワークス）・町田有美・田中麻衣子
デザイン制作室	今津幸弘
	鈴木　薫
制作担当デスク	柏倉真理子
編集	大津雄一郎（株式会社リブロワークス）
デスク	田淵　豪
編集長	藤井貴志

■商品に関する問い合わせ先
インプレスブックスのお問い合わせフォームより入力してください。
https://book.impress.co.jp/info/
上記フォームがご利用頂けない場合のメールでの問い合わせ先
info@impress.co.jp
●本書の内容に関するご質問は、お問い合わせフォーム、メールまたは封書にて書名・ISBN・お名前・電話番号と該当するページや具体的な質問内容、お使いの動作環境などを明記のうえ、お問い合わせください。
●電話やFAX等でのご質問には対応しておりません。なお、本書の範囲を超える質問に関しましてはお答えできませんのでご了承ください。
●インプレスブックス（https://book.impress.co.jp/）では、本書を含めインプレスの出版物に関するサポート情報などを提供しておりますのでそちらもご覧ください。

■落丁・乱丁本などの問い合わせ先
TEL 03-6837-5016
FAX 03-6837-5023
service@impress.co.jp
（受付時間／10:00-12:00、13:00-17:30 土日、祝祭日を除く）
●古書店で購入されたものについてはお取り替えできません。

■書店／販売店の窓口
株式会社インプレス 受注センター
TEL 048-449-8040
FAX 048-449-8041
株式会社インプレス 出版営業部
TEL 03-6837-4635

いちばんやさしい量子(りょうし)コンピューターの教本(きょうほん)

人気講師(にんきこうし)が教(おし)える世界(せかい)が注目(ちゅうもく)する最新(さいしん)テクノロジー

2019年5月21日　初版発行

著　者　湊 雄一郎(みなとゆういちろう)
発行人　小川 亨
編集人　高橋隆志
発行所　株式会社インプレス
〒101-0051 東京都千代田区神田神保町一丁目105番地
ホームページ https://book.impress.co.jp/
印刷所　音羽印刷株式会社

ISBN 978-4-295-00607-7 C0034
Printed in Japan